essentials

T0002841

essentials liefern aktuelles Wissen in konzentrierter Form. Die Essenz dessen, worauf es als „State-of-the-Art" in der gegenwärtigen Fachdiskussion oder in der Praxis ankommt. *essentials* informieren schnell, unkompliziert und verständlich

- als Einführung in ein aktuelles Thema aus Ihrem Fachgebiet
- als Einstieg in ein für Sie noch unbekanntes Themenfeld
- als Einblick, um zum Thema mitreden zu können

Die Bücher in elektronischer und gedruckter Form bringen das Expertenwissen von Springer-Fachautoren kompakt zur Darstellung. Sie sind besonders für die Nutzung als eBook auf Tablet-PCs, eBook-Readern und Smartphones geeignet. *essentials:* Wissensbausteine aus den Wirtschafts-, Sozial- und Geisteswissenschaften, aus Technik und Naturwissenschaften sowie aus Medizin, Psychologie und Gesundheitsberufen. Von renommierten Autoren aller Springer-Verlagsmarken.

Weitere Bände in der Reihe http://www.springer.com/series/13088

Jürgen Jost

Kategorientheorie

Eine kurze Einführung

 Springer Spektrum

Jürgen Jost
Max-Planck-Institut für Mathematik
in den Naturwissenschaften
Leipzig, Deutschland

ISSN 2197-6708   ISSN 2197-6716   (electronic)
essentials
ISBN 978-3-658-28312-4   ISBN 978-3-658-28313-1   (eBook)
https://doi.org/10.1007/978-3-658-28313-1

Die Deutsche Nationalbibliothek verzeichnet diese Publikation in der Deutschen Nationalbiblio-
grafie; detaillierte bibliografische Daten sind im Internet über http://dnb.d-nb.de abrufbar.

Springer Spektrum
© Springer Fachmedien Wiesbaden GmbH, ein Teil von Springer Nature 2019
Das Werk einschließlich aller seiner Teile ist urheberrechtlich geschützt. Jede Verwertung, die
nicht ausdrücklich vom Urheberrechtsgesetz zugelassen ist, bedarf der vorherigen Zustimmung
des Verlags. Das gilt insbesondere für Vervielfältigungen, Bearbeitungen, Übersetzungen,
Mikroverfilmungen und die Einspeicherung und Verarbeitung in elektronischen Systemen.
Die Wiedergabe von allgemein beschreibenden Bezeichnungen, Marken, Unternehmensnamen
etc. in diesem Werk bedeutet nicht, dass diese frei durch jedermann benutzt werden dürfen. Die
Berechtigung zur Benutzung unterliegt, auch ohne gesonderten Hinweis hierzu, den Regeln des
Markenrechts. Die Rechte des jeweiligen Zeicheninhabers sind zu beachten.
Der Verlag, die Autoren und die Herausgeber gehen davon aus, dass die Angaben und
Informationen in diesem Werk zum Zeitpunkt der Veröffentlichung vollständig und korrekt
sind. Weder der Verlag, noch die Autoren oder die Herausgeber übernehmen, ausdrücklich oder
implizit, Gewähr für den Inhalt des Werkes, etwaige Fehler oder Äußerungen. Der Verlag bleibt
im Hinblick auf geografische Zuordnungen und Gebietsbezeichnungen in veröffentlichten Karten
und Institutionsadressen neutral.

Springer Spektrum ist ein Imprint der eingetragenen Gesellschaft Springer Fachmedien
Wiesbaden GmbH und ist ein Teil von Springer Nature.
Die Anschrift der Gesellschaft ist: Abraham-Lincoln-Str. 46, 65189 Wiesbaden, Germany

Was Sie in diesem *essential* finden können

Kurz gesagt, eine Einführung in das strukturelle Denken der modernen Mathematik. Die Kategorientheorie erfasst Objekte durch ihre Relationen mit anderen Objekten, die den gleichen Typ von Struktur tragen. Wir werden sehen, wie die konsequente Durchführung dieses Ansatzes formale Gemeinsamkeiten zwischen verschiedenen Strukturen aufdeckt, egal, ob es sich um Mengen, algebraische, metrische, logische oder Ordnungsstrukturen handelt. Dadurch lassen sich allgemeine Prinzipien gewinnen, und die Konstruktionen lassen sich auf beliebig hohen Abstraktionsstufen anwenden, also auf Strukturen von Strukturen von Strukturen …, und es lassen sich Beziehungen zwischen verschiedenen Strukturtypen systematisch erfassen.

Man könnte dieses Programm natürlich völlig abstrakt und formal durchziehen. In diesem Text finden Sie aber als Gegengewicht dazu ausführliche Erläuterungen zu Sinn und Gehalt der kategorientheoretischen Prinzipien und Konstruktionen. Selbstverständlich gibt es Beispiele aus vielen verschiedenen Bereichen der Mathematik.

Inhaltsverzeichnis

Grundprinzipien und Definitionen

1

1.1 Informeller Vorspann: Wesentliche Prinzipien der Kategorientheorie

Die Kategorientheorie beruht auf einem strukturellen Verständnis der Mathematik und versucht, dieses konsequent zu formalisieren.

In der Terminologie der Kategorientheorie taucht allerdings der Begriff der *Struktur* selbst nicht explizit auf, sondern man spricht von Objekten und Morphismen.[1] Ein *Objekt* ist dabei allerdings nicht inhaltlich bestimmt, sondern durch seine Beziehungen zu anderen Objekten des gleichen Typs, oder um dem Sprachgebrauch der Kategorientheorie zu folgen, der gleichen Kategorie. Diese Beziehungen heißen dann *Morphismen,* und diese sind wiederum nicht inhaltlich, sondern strukturell bestimmt. Dabei umfassen diese Morphismen sowohl das, was in bestimmten mathematischen Kontexten oder Theorien *Relationen* sind, als auch das, was in anderen Theorien *Operationen* sind. Wichtig ist nur, dass diese Morphismen strukturerhaltend sind. Je mehr Struktur es gibt, um so stringenter sind also die Bedingungen für Morphismen, und umso weniger Morphismen gibt es folglich.

Wenn zwei Objekte einer Kategorie zu allen Objekten ihrer Kategorie in den gleichen strukturellen Beziehungen stehen, wenn also die jeweiligen Morphismen miteinander identifiziert werden können, so heißen diese beiden Objekte *isomorph.* Isomorphe Objekte können also innerhalb ihrer Kategorie nicht voneinander unterschieden werden, und sie sollen daher miteinander identifiziert werden. Allerdings kann es dabei mehr als eine Möglichkeit der Identifikation geben. Die Identifikation braucht also nicht kanonisch zu sein. Das liegt daran, dass ein Objekt nichttriviale

---

[1]Leider ist die Terminologie der Kategorientheorie in vieler Hinsicht sehr unglücklich gewählt, aber dies lässt sich nicht mehr ändern.

© Springer Fachmedien Wiesbaden GmbH, ein Teil von Springer Nature 2019
J. Jost, *Kategorientheorie, essentials,*
https://doi.org/10.1007/978-3-658-28313-1_1

Automorphismen besitzen kann, Isomorphismen (invertierbare Morphismen) auf
sich selbst. Jeder Automorphismus erlaubt eine Identifikation des Objektes mit sich
selbst, und wenn es mehr als einen Automorphismus gibt, kann das Objekt also auf
verschiedene Weise mit sich selbst und damit auch auf verschiedene Weise mit zu
ihm isomorphen anderen (also eigentlich nicht mehr anderen) Objekten identifiziert
werden.

Dabei fließt ein, dass in der Kategorientheorie angenommen wird, dass Morphismen miteinander verknüpft werden können. Ist $f : A \to B$ ein Morphismus von
A nach B (Morphismen werden als Pfeile geschrieben) und $g : B \to C$ ein Morphismus von B nach C, so lassen sich diese zu einem Morphismus $g \circ f : A \to C$
verknüpfen. Insbesondere lässt sich somit jeder Automorphismus $a : A \to A$ mit f
zu $f \circ a : A \to B$ verknüpfen, und ebenso $b : B \to B$ zu $b \circ f : A \to B$ und dann
auch zu $b \circ f \circ a : A \to B$. Wir setzen dabei bei der Verknüpfung keine Klammern,
weil das Assoziativgesetz, eine weitere Annahme der Kategorientheorie, besagt,
dass die Reihenfolge, in der wir die Operationen vornehmen, ob wir also zunächst
$f \circ a$ bilden und dann b dahinterschalten (also $b \circ (f \circ a)$), oder wir zuerst $b \circ f$
bilden und dann a davorschalten (also $(b \circ f) \circ a$), keine Rolle spielt.

Eine weitere Konsequenz der strukturellen Betrachtungsweise ist, dass sie iteriert
werden kann, dass man also Strukturen von Strukturen betrachten kann, oder um
in der Sprache der Kategorientheorie zu bleiben, dass eine Kategorie von Objekten
ein Objekt einer höheren Kategorie werden kann.

Wir wollen dies alles informell an dem wohl einfachsten Beispiel erläutern, einer
Menge. (Wir werden dieses Beispiel im Abschn. 1.2 noch einmal etwas formaler
aufgreifen, und wer informelle Darstellungen nicht mag, kann direkt zu diesem
Abschnitt springen.) Eine Menge S ist eine Kollektion von wohlunterschiedenen
Objekten $a, b, c, \ldots$. Dabei sollen diese Objekte selbst strukturlos sein. Nun kann
man sagen, dass diese Objekte, weil strukturlos, auch keine strukturellen Relationen untereinander haben können, dass es also keine Morphismen $a \to b$ gibt. Die
einzige Ausnahme liegt vor, wenn $a = b$ ist, denn es ist eine weitere Annahme der
Kategorientheorie, dass zu jedem Objekt a ein Identitätsmorphismus $1_a : a \to a$
gehört. Wenn es also keine Beziehungen zwischen verschiedenen Objekten gibt,
und auch außer 1_a keine weiteren Automorphismen, so steht jedes Objekt zu jedem
anderen in den gleichen, nämlich nicht vorhandenen Beziehungen. Allerdings sind
verschiedene Objekte trotzdem nicht isomorph zueinander, weil es keinen Isomorphismus zwischen ihnen gibt. Wenn wir dagegen postulieren, dass, weil es keine
Struktur zu erhalten gibt, es auch zwischen je zwei verschiedenen Objekten genau
einen Morphismus $i_{ab} : a \to b$ gibt, so werden je zwei Objekte nun isomorph,
weil der Morphismus i_{ab} nun invers zu dem Morphismus i_{ba} ist. Denn es wird dann
$i_{ba} \circ i_{ab} : a \to a$ zu einem Morphismus von a auf sich selbst, und wenn $1_a : a \to a$

der einzige solche Morphismus ist, muss es dieser sein. Alle Elemente der Menge, also alle Objekte unserer Kategorie, werden dann zueinander isomorph, und es gibt kategorientheoretisch nur noch ein einziges Objekt.

Das mag jetzt alles etwas banal wirken. Aber nun gehen wir zu einer Kategorie höherer Stufen über, der Kategorie der Mengen, die wir mit Fettdruck als **Mengen** bezeichnen. Die Objekte dieser Kategorie sind jetzt nicht mehr wie vorher die Elemente einer Menge, sondern Mengen selbst. Die Mengen selbst sind dabei beliebig. (Wenn man will, kann man sich allerdings für die folgende Diskussion auf die Kategorie der endlichen Mengen beschränken.) Insbesondere ist jedenfalls auch die leere Menge $\emptyset$ ein Objekt von **Mengen**. Die Morphismen sind nun beliebige Abbildungen

$$f : S_1 \to S_2 \qquad (1.1)$$

zwischen Mengen. Insbesondere ist 1_S die Identitätsabbildung der Menge S. Zwei Mengen gleicher Kardinalität werden dann isomorph, weil es eine bijektive Zuordnung zwischen ihren Elementen gibt. Nach den dargelegten Prinzipien gibt es also für jede Kardinalzahl genau ein Element der Kategorie **Mengen**, nämlich eine, oder hier: *die* Menge der entsprechenden Kardinalität. Allerdings sind die Isomorphien nun nicht mehr kanonisch, denn jede Permutation der Elemente der Menge S ist nun ein Automorphismus von S. Isomorphien sind also nur bis auf Permutationen der jeweiligen Mengen bestimmt, denn wie oben schon dargelegt, lässt sich ein Isomorphismus mit Automorphismen der beteiligten Objekte prä- und postkomponieren.

Zwischen Mengen gibt es aber noch einen speziellen Typ von Beziehungen, die Teilmengenrelation oder Inklusion,

$$A \subset S. \qquad (1.2)$$

Statt alle Abbildungen wie in (1.1) als Morphismen zuzulassen, kann man sich auch auf die Inklusionen beschränken, also:

$$S_1 \to S_2 \quad \text{bedeutet } S_1 \subset S_2. \qquad (1.3)$$

Man hat dann also eine Kategorie mit den gleichen Objekten wie vorher, den Mengen, aber anderen Morphismen.

Die Teilmengenbeziehung hat aber noch einen weiteren, strukturellen Aspekt, dem wir nun beschreiben wollen. Eine Teilmenge A der Menge S lässt sich durch ihre charakteristische Funktion bestimmen,

$$\chi_A(s) := \begin{cases} 1 & \text{falls } s \in A \\ 0 & \text{falls } s \notin A. \end{cases} \tag{1.4}$$

χ_A nimmt also Werte in der Menge $2 := \{0, 1\}$ an. Wir können diese Menge 2 auch als eine Menge von Wahrheitswerten betrachten, wobei 1 dem Wert „wahr" entspricht. 0 bedeutet „falsch". Wir haben also eine injektive Abbildung von der Menge $1 := \{1\}$, die nur den wahren Wert enthält, in die Menge 2 aller Wahrheitswerte

$$\text{wahr} := \top : 1 \rightarrowtail 2, \quad 1 \mapsto 1. \tag{1.5}$$

Wir beschreiben dies durch das nachfolgende Diagramm, wobei i die Inklusion von A in S ist, also (1.2) ausdrückt.

$$
\begin{array}{ccc}
A & \longrightarrow & 1 \\
\downarrow{\scriptstyle i} & & \downarrow{\scriptstyle \top \,=\, \text{wahr}} \\
S & \xrightarrow{\ \chi_A\ } & 2
\end{array}
\tag{1.6}
$$

Wir sagen, dass das Diagramm kommutiert, um zum Ausdruck zu bringen, dass wir zum gleichen Ergebnis unabhängig davon kommen, wie wir das Diagramm längs der Pfeile von A nach 2 durchlaufen.

Das Diagramm formalisiert, dass für $x \in S$ die Aussage „$x \in A$" dann wahr ist, also den Wahrheitswert 1 hat, wenn x in A liegt, und falsch, also Wahrheitswert 0, wenn x nicht in A liegt. Wenn wir von einem x in A ausgehen, können wir ihm direkt den Wahrheitswert 1 zuordnen (oberer Pfeil), aber wenn wir von einem x in S ausgehen, müssen wir erst prüfen, ob es in A liegt, bevor wir ihm einen Wahrheitswert zuordnen (unterer Pfeil). Wenn sich dann herausstellt, dass es in A liegt, bekommt es wieder den Wahrheitswert 1. Jedes $x \in A$ liegt auch in S (linker Pfeil), und 1 ist ein möglicher Wahrheitswert (rechter Pfeil).

Es ist ein wichtiges Prinzip der Kategorientheorie, Arten von Relationen, wie (1.2), durch Diagramme auszudrücken. Dadurch lässt sich eine universelle formale Sprache gewinnen. In dem vorliegenden Beispiel mag das als unnötig kompliziert erscheinen, aber wir können mit diesem Formalismus die Sache auch relativieren. Wir betrachten eine Menge X und ein durch X indiziertes Mengensystem

$$S = \{S(x) : x \in X\}, \tag{1.7}$$

nehmen also an, dass es für jedes $x \in X$ eine Menge $S(x)$ gibt. Für jedes x mag dann auch eine Teilmenge

$$A(x) \subset S(x) \tag{1.8}$$

gegeben sein, und wir können dies auch als Mengensystem

$$A \subset S \quad \text{als Kurzform für } A(x) \subset S(x) \text{ für alle } x \tag{1.9}$$

schreiben. Ein Element eines solchen Mengensystems,

$$s \in S, \tag{1.10}$$

ist nun ein sogenannter *Schnitt,* der jedem $x \in X$ ein Element der Menge $S(x)$ zuordnet, also

$$s(x) \in S(x) \text{ für alle } x. \tag{1.11}$$

Ganz analog haben wir wieder eine charakteristische Funktion

$$\chi_A(s)(x) := \begin{cases} 1 & \text{falls } s(x) \in A(x) \\ 0 & \text{falls } s(x) \notin A(x). \end{cases} \tag{1.12}$$

Jetzt wird es aber mit den Wahrheitswerten komplizierter, denn es mag für manche, aber nicht für alle $x \in X$ die Beziehung $s(x) \in A(x)$ gelten. Die Aussage $s \in A$ ist dann nur manchmal wahr. Wir haben nun also auch eine durch X parametrisierte Familie Ω von Wahrheitswerten und bekommen als Verallgemeinerung von (1.6) das kommutative Diagramm

$$
\begin{array}{ccc}
A & \longrightarrow & 1 \\
\downarrow{\scriptstyle i} & & \downarrow{\scriptstyle \top} \\
S & \xrightarrow{\ \chi_A\ } & \Omega
\end{array}
\tag{1.13}
$$

Das Vorstehende ist das Grundprinzip eines *Topos.*

In Anwendungen kann X verschiedene Rollen einnehmen. Es kann z. B. ein Zufallsraum sein, und die Elemente können die verschiedenen Realisierungen eines Zufallsprozesses darstellen. X kann auch einfach eine Zeitachse sein. $s(x)$ stellt dann einen Zustand zu einer Zeit x oder als Folge eines Zufallsereignisses x dar. In der Logik kann X ein Raum von möglichen Welten sein, und wir gelangen dann zu den

Kripkesemantiken für intuitionistische Logiken. Jedenfalls trägt X typischerweise noch eine weitere Struktur als nur diejenige einer Menge. Die Zeitachse ist gerichtet, die Möglichkeiten von Zufallsprozessen können von der Vorgeschichte abhängen, und nicht zwischen allen möglichen Welten sind Übergänge möglich. Dadurch wird dann nicht nur die Struktur von X eingeschränkt, sondern auch diejenige der Menge Ω der Wahrheitswerte.

1.2   Die formalen Definitionen: Kategorien und Morphismen

Definition 1.2.1   Eine *Kategorie* **C** besteht aus *Objekten* $A, B, C, \dots$ und *Pfeilen* oder *Morphismen*

$$f : A \to B \tag{1.14}$$

zwischen Objekten, die *Urbild* $A = \mathrm{ur}(f)$ und *Bild* $B = \mathrm{bild}(f)$ von f heißen. Pfeile können zusammengesetzt werden (Komposition von Pfeilen). Sind die Pfeile $f : A \to B$ und $g : B \to C$ gegeben, so gibt es auch einen Pfeil

$$g \circ f : A \to C. \tag{1.15}$$

(Die einzige Voraussetzung einer solchen Komposition ist $\mathrm{bild}(f) = \mathrm{ur}(g)$.) Diese Komposition ist *assoziativ,*

$$h \circ (g \circ f) = (h \circ g) \circ f \tag{1.16}$$

für $f : A \to B, g : B \to C, h : C \to D$.
  Für jedes Objekt A gibt es den *Identitätspfeil* („tu nichts")

$$1_A : A \to A, \tag{1.17}$$

der

$$f \circ 1_A = f = 1_B \circ f \tag{1.18}$$

für alle $f : A \to B$ erfüllt.

Die Assoziativitätsbedingung (1.16) lässt sich auch dahingehend formulieren, dass das Ergebnis in dem nachstehenden Diagramm nicht davon abhängt, welcher Folge von Pfeilen wir von A nach D folgen.

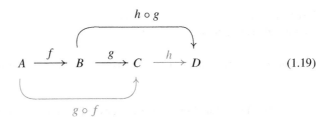

$$A \xrightarrow{\;f\;} B \xrightarrow{\;g\;} C \xrightarrow{\;h\;} D \qquad (1.19)$$

Wir können also der roten, der blauen oder der mittleren Sequenz folgen; das Ergebnis bleibt das gleiche. $h \circ g \circ f$. Wir werden später sagen, dass ein Diagramm kommutiert, wenn man immer zum gleichen Ergebnis gelangt, wie auch immer man das Diagramm in Richtung der Pfeile durchläuft.

Etwas nachlässig werden wir auch manchmal einfach $C \in \mathbf{C}$ schreiben, um auszudrücken, dass C ein Objekt der Kategorie $\mathbf{C}$ ist.

Man mag hier einwenden, dass die Definition 1.2.1 keine richtige mathematische Definition ist, weil nicht spezifiziert wird, was ein „Objekt" oder ein „Morphismus" ist oder sein sollte. Wenn wir also von einer Kategorie sprechen, müssen wir erst einmal festlegen, was deren Objekte und Morphismen sind. Für die abstrakte Diskussion von Kategorien spielt es aber keine Rolle, welches die Objekte und Morphismen sind. Sie müssen nur den in der Definition 1.2.1 niedergelegten Regeln genügen.

Die wesentliche Idee ist, dass die Objekte einer Kategorie eine bestimmte gemeinsame Struktur aufweisen, und diese Struktur muss unter den Morphismen erhalten bleiben. Eine Kategorie besteht also aus Objekten mit einer durch die Kategorie festgelegten Struktur und gerichteten Relationen zwischen diesen Objekten. Ein sehr nützlicher Aspekt ist, dass diese Relationen als Operationen aufgefasst werden können.

Wenn man die Objekte als Knoten und die Pfeile als Kanten interpretiert, können wir uns eine Kategorie auch als einen gerichteten Graphen (s. hierzu (2.1) unten) vorstellen, bei dem jeder Knoten mit sich selbst in Beziehung steht, also eine Schleife trägt, d. h. eine Kante, die in ihm anfängt und endet. Dieser Graph kann mehrfache Kanten haben, weil es mehr als einen Morphismus zwischen zwei Objekten geben kann.

In diesem Sinne können also Pfeile einer Kategorie als *Relationen* angesehen werden. Wir können sie aber auch als *Operationen* oder als *Abbildungen* zwischen den Objekten betrachten. Ein Pfeil von A nach B bildet also A auf B ab.

Wenn man Morphismen als Operationen ansieht, kann man auch an den mathematischen Begriff der Gruppe denken, wobei wir hier aber nicht verlangen, im Unterschied zur Definition einer Gruppe, dass die Morphismen einer Kategorie alle invertiert werden können, und auch nicht, dass beliebige Morphismen komponiert werden können. Zumindest gilt aber

Lemma 1.2.1 *Eine Kategorie mit einem einzigen Objekt ist ein Monoid, und umgekehrt.*

Beweis M sei ein Monoid.[2] Wir betrachten die Elemente g von M als Operationen, $h \mapsto gh$, also als Pfeile

$$l_g : M \to M. \tag{1.20}$$

Weil sie das Assoziativitätsgesetz erfüllen müssen, definieren sie Morphismen der Kategorie mit dem einzigen Objekt M. Das neutrale Element e liefert den Identitätsmorphismus 1_M.

Umgekehrt können die Pfeile einer Kategorie mit einem einzigen Objekt M als Linkstranslationen l_g von M aufgefasst werden, mithin als Elemente eines Monoids, weil sie das Assoziativitätsgesetz erfüllen. Der Identitätspfeil 1_M liefert das neutrale Element e dieses Monoids. □

Kategorien können auf verschiedenen Abstraktionsebenen konstruiert und betrachtet werden, und dies werden wir im Folgenden entwickeln. Als Leitfaden können wir schon einmal das folgende Prinzip formulieren. Einerseits bilden die Strukturen, die wir gerade betrachtet haben, wie gerichtete Graphen oder Monoide, oder auch Mengen, Gruppen, Ringe, Körper, sämtlich Kategorien. Die Objekte sind dabei die Elements der jeweiligen Struktur, und die Morphismen werden durch die Relationen oder Operationen in dieser Struktur gegeben. (Bei einer algebraischen Struktur wie derjenigen einer Gruppe können wir stattdessen aber auch diese Struktur als das einzige Objekt und die Elemente dann als die Morphismen dieses Objektes betrachten.)

Andererseits konstituiert aber auf der nächsten Abstraktionsstufe das Ensemble der Strukturen eines gegebenen Typs ebenfalls eine Kategorie. Wir haben also die Kategorie der Mengen, die Kategorie der geordneten Mengen, diejenigen der Graphen und der gerichteten Graphen, der metrischen Räume, der Monoide, Gruppen, Ringe, Körper usw. Die Morphismen sind dann die strukturerhaltenden Abbildungen zwischen zwei solchen Strukturen, also die Homomorphismen, z.B. zwischen zwei Gruppen. In der entsprechenden Kategorie betrachten wir also alle Strukturen eines vorgegebenen Typs gleichzeitig und die strukturerhaltenden Relationen

---

[2]Wir verweisen auf die entsprechende Definition in [6]. Ein *Monoid M* ist eine Menge mit einer assoziativen Verknüpfungsregel $(g, h) \to gh$, dem Produkt der Elemente g und h aus M, und einem neutralen Element e, das $eg = ge = g$ für alle $g \in M$ erfüllt.

zwischen diesen. Wir können dann auch zu noch höheren Abstraktionsstufen gehen und Kategorien von Kategorien von Kategorien betrachten und uns überlegen, was dann die Morphismen sein sollen. Oder wir können Kategorien von Morphismen betrachten, usw. So etwas werden wir mehrmals sehen.

Jetzt wollen wir dieses abstrakte Prinzip genauer entwickeln. Wir hatten uns schon überlegt, dass jede Menge eine Kategorie ist. Die Elemente sind die Objekte und als einzige Pfeile gibt es die Identitätspfeile dieser Elemente. Eine Menge ist also eine Kategorie mit einer wenig interessanten Struktur, denn es gibt keine Strukturbeziehungen zwischen verschiedenen Objekten. Sogar die leere Menge $\emptyset$ bildet eine Kategorie. Diese Kategorie hat keine Objekte und keine Pfeile. Das mag jetzt sehr trivial wirken, aber für manche formalen Konstruktionen ist diese Kategorie sehr nützlich.

Umgekehrt haben wir auch die Kategorie der Mengen, durch **Mengen** bezeichnet, und auch die Kategorie der endlichen Mengen. Die Objekte dieser Kategorien sind nun Mengen, und unter diesen auch wieder die leere Menge $\emptyset$, und die Morphismen sind Abbildungen

$$f : S_1 \to S_2 \tag{1.21}$$

zwischen Mengen (oder stattdessen wie in (1.3) Teilmengenbeziehungen). Dies führt uns nun zum Begriff des Isomorphismus:

Definition 1.2.2 Zwei Objekte A_1, A_2 einer Kategorie sind *isomorph*, falls es Morphismen $f_{12} : A_1 \to A_2$, $f_{21} : A_2 \to A_1$ mit

$$f_{21} \circ f_{12} = 1_{A_1}, \quad f_{12} \circ f_{21} = 1_{A_2} \tag{1.22}$$

gibt. Diese Morphismen f_{12}, f_{21} heißen dann Isomorphismen.

Ein *Automorphismus* eines Objekt A ist dann ein Isomorphismus $f : A \to A$.

Natürlich ist 1_A ein Automorphismus von A, aber es kann noch weitere geben. Ein Automorphismus kann auch als eine Symmetrie von A angesehen werden.

Weil jeder Automorphismus invertiert werden kann, bilden die Automorphismen eines Objektes A einer Kategorie eine Gruppe, die Automorphismengruppe von A. Auf diese Weise ist sogar der Gruppenbegriff historisch entstanden. Aber dann können wir auch umgekehrt eine Gruppe als ein abstraktes Objekt ansehen, das konkret als die Gruppe der Automorphismen eines Objektes in einer Kategorie *dargestellt, repräsentiert* werden kann. Wir werden darauf zurückkommen.

(1.22) besagt, dass Isomorphismen invertierbare Morphismen sind. Isomorphe Objekte können dann dadurch charakterisiert werden, dass sie die gleichen

Morphismen haben, wie dann aus dem Assoziativgesetz folgt. Wenn also beispielsweise $f_{12} : A_1 \rightarrow A_2$ ein Isomorphismus ist, dann entspricht ein Morphismus
$g : A_2 \rightarrow B$ dem Morphismus $g \circ f_{12} : A_1 \rightarrow B$, und analog in der anderen
Richtung. Insbesondere entspricht 1_{A_2} dann f_{12}.

Es kann allerdings mehr als einen Isomorphismus zwischen isomorphen Objekten A_1, A_2 geben. In diesem Fall ist die Identifikation der Morphismen dieser beiden Objekte nicht kanonisch, weil sie von der Wahl eines solchen Isomorphismus
abhängt. Wir können nämlich einem Isomorphismus $f_{12} : A_1 \rightarrow A_2$ irgendeinen
Automorphismus $f_1 : A_1 \rightarrow A_1$ vorschalten oder ihm irgendeinen Automorphismus $f_2 : A_2 \rightarrow A_2$ nachschalten, wodurch wir einen anderen Isomorphismus
erhalten. Sind umgekehrt $f_{12}, g_{12} : A_1 \rightarrow A_2$ zwei Isomorphismen, dann ist (mit
der Notation aus Def. 1.2.2) $g_{21} \circ f_{12}$ ein Automorphismus von A_1, und $g_{12} \circ f_{21}$
ist ein Automorphismus von A_2. Die Identifikation zweier isomorpher Objekte ist
also nur bis auf deren Automorphismen festgelegt. Die Automorphismengruppen
zweier isomorpher Objekte sind dann selbst isomorph. Dies ist ein Beispiel für die
allgemeine Tatsache, dass isomorphe Objekte die gleichen Beziehungen zu anderen
Objekten haben, in diesem Falle mit sich selbst. Die Automorphismengruppen können aber wiederum Symmetrien aufweisen, was dann diese Identifikation wieder
nichtkanonisch macht.

Weil Automorphismen invertiert werden können, bilden, wie wir schon bemerkt
haben, die Automorphismen eines Objektes A einer Kategorie eine Gruppe. In
diesem Sinne können wir den Begriff des Morphismus in zweierlei Hinsicht als
eine Verallgemeinerung desjenigen des Automorphismus ansehen. Erstens braucht
ein Morphismus nicht invertierbar zu sein, und zweitens wird nicht verlangt, dass
er das Objekt A auf sich selbst abbildet, sondern er darf es auch auf ein anderes
Objekt B der gleichen Kategorie abbilden. Morphismen können zusammengesetzt
werden. Im Unterschied zu einem Monoid oder einer Gruppe, wo zwei beliebige
Morphismen zusammengesetzt werden können, gilt hier die Einschränkung, dass
das Urbild des zweiten das Bild des ersten Morphismus enthalten muss, damit
wir sie zusammensetzen können. Weil in einem Monoid oder einer Gruppe alle
Elemente den Monoid oder die Gruppe selbst als Urbild und Bild haben, gibt es keine
Einschränkung für die Zusammensetzung von Monoid- oder Gruppenelementen.
Wir erinnern uns daher an Lemma 1.2.1, welches besagte, dass die Kategorien mit
einem einzigen Objekt gerade die Monoide sind.

Jedenfalls muss das grundlegende der Monoid- oder Gruppengesetze, die Asso-
ziativität, bei der Zusammensetzung von Morphismen erhalten bleiben. Assoziati-
vität ist also gewissermaßen ein Gesetz höherer Ordnung, insofern als es sich auf die
Zusammensetzung von Zusammensetzungen bezieht. Es verlangt, dass die Zusammensetzung von Zusammensetzungen nicht von der Reihenfolge abhängt, in der wir

die Zusammensetzungen zusammensetzen. Dies muss natürlich von der Bedingung der Kommutativität unterschieden werden, die verlangt, dass die Zusammensetzung von Gruppenelementen unabhängig von der Reihenfolge dieser Elemente ist. Kommutativität ist eine zusätzliche Bedingung, die in einem allgemeinen Monoid oder einer allgemeinen Gruppe nicht erfüllt sein muss. Kommutative Monoide oder Gruppen bilden eine Unterklasse aller Monoide oder Gruppen, und aus der Kommutativität ergeben sich eine Reihe weiterer Eigenschaften, die für allgemeine Monoide oder Gruppen nicht gelten.

Da wir nun innerhalb einer Kategorie isomorphe Objekte nicht unterscheiden können, wollen wir sie identifizieren. Wir sollten dabei nicht vergessen, dass eine solche Identifikation nicht kanonisch sein muss, weil sie ja von der Wahl eines Isomorphismus abhängt, wie wir oben erklärt haben. Der wesentliche Punkt ist hier, dass die Objekte einer Kategorie nur bis auf Isomorphismen bestimmt sind. Die Perspektive der Kategorie besteht darin, dass ein Objekt B einer Kategorie $\mathbf{C}$ durch seine Relationen mit anderen Objekten charakterisiert ist, also durch die Mengen $\mathrm{Hom}_{\mathbf{C}}(-, B)$ und $\mathrm{Hom}_{\mathbf{C}}(B, -)$ von Morphismen $f : A \to B$ und $g : B \to C$, und für isomorphe Objekte B_1 und B_2 können die entsprechenden Mengen identifiziert werden, allerdings nicht notwendigerweise kanonisch. In einer Kategorie können also isomorphe Objekte nicht durch ihre Relationen mit anderen Objekten voneinander unterschieden werden.

In diesem Sinne enthält also die Kategorie endlicher Mengen genau ein Objekt für jedes $n \in \mathbb{N} \cup \{0\}$, nämlich die Menge mit n Elementen, weil zwei Mengen mit der gleichen Anzahl von Elementen in dieser Kategorie isomorph sind. Die Struktur der Kategorie endlicher Mengen besteht also nur aus der Kardinalität. Und dies gilt, auch wenn die Isomorphismen zwischen Mengen der gleichen Kardinalität nicht kanonisch sind, da sie mit beliebigen Permutationen der Elemente dieser Mengen komponiert werden können. Insbesondere ist die Automorphismengruppe einer Menge von n Elementen die Gruppe $\mathfrak{S}_n$ der Permutationen ihrer Elemente, die beispielsweise in [6] besprochen wird.

Eine teilgeordnete Menge, also eine Menge W versehen mit einer Relation $\leq$, die

$$a \leq b \text{ und } b \leq a \quad \text{genau dann, wenn } a = b \qquad (1.23)$$

$$a \leq b \text{ und } b \leq c \quad \text{impliziert } a \leq c \qquad (1.24)$$

für alle $a, b, c \in W$ erfüllt, wird eine Kategorie, wenn wir einen Pfeil $a \to b$ setzen, wenn $a \leq b$. Auf der höheren Stufe haben wir natürlich auch die Kategorie der teilgeordneten Mengen, mit Pfeilen $m : A \to B$ zwischen teilgeordneten Mengen nun durch monotone Funktionen gegeben; die Bedingung ist also, dass, wenn $a_1 \leq$ a_2 in A, so auch $m(a_1) \leq m(a_2)$ in B.

Und weiter, während wir eine Kategorie als einen (gerichteten) Graphen ansehen können, können wir auch die Kategorie der Graphen betrachten. Ein solcher (ungerichteter, einfacher) Graph Γ besteht aus einer Knotenmenge V und einer symmetrischen Untermenge E von $V \times V$, den Kanten von Γ. Dass E symmetrisch ist, bedeutet, dass, wenn $(u, v) \in E$, dann auch $(v, u) \in E$. Wir schließen Schleifen nicht aus; es ist also erlaubt, dass $(v, v) \in E$ für ein $v \in V$. Man kann diese Struktur auch so interpretieren, dass u und v in einer binären Relation stehen, wenn $(u, v) \in E$. Geometrisch kann man sich den Graphen natürlich so vorstellen, dass die Kante (u, v) die Knoten u und v miteinander verbindet. Diese Graphen bilden eine Kategorie **Graphen**, wenn wir festlegen, dass Morphismen zwischen $\Gamma_1 = (V_1, E_1)$ und $\Gamma_2 = (V_2, E_2)$ Abbildungen der Knotenmengen sind, die Kanten auf Kanten abbilden, also

$$\gamma : V_1 \to V_2 \text{ mit } (\gamma(u), \gamma(v)) \in E_2, \text{ wenn } (u, v) \in E_1 \qquad (1.25)$$

sind. Sind also u und v durch eine Kante verbunden, so muss dies auch für ihre Bilder $\gamma(u), \gamma(v)$ gelten. Unten, in (2.1), werden wir auch noch die Kategorie der gerichteten Graphen einführen.

Es gibt auch Kategorien mit den gleichen Objekten, aber verschiedenen Morphismen. Zum Beispiel können wir die Kategorie betrachten, deren Objekte Mengen sind, aber deren Morphismen *injektive* Abbildungen zwischen Mengen sind, statt beliebiger Abbildungen wie in der oben betrachteten Kategorie der Mengen, oder noch anders, wie in (1.3), Inklusionen. Als ein weiteres Beispiel können wir für eine Kategorie, deren Objekte metrische Räume[3] sind, als Morphismen die Isometrien nehmen, also die Abbildugen $f : (S_1, d_1) \to (S_2, d_2)$ mit $d_2(f(x), f(y)) = d_1(x, y)$ für alle $x, y \in S_1$. Alternativ können wir aber auch eine größere Klasse nehmen, und zwar alle Abbildungen, die Abstände nicht vergrößern, also diejenigen $g : (S_1, d_1) \to (S_2, d_2)$ mit $d_2(g(x), g(y)) \leq d_1(x, y)$ für alle $x, y \in S_1$. Die Isomorphismen sind allerdings in beiden Fällen die gleichen.

Algebraische Strukturen fallen natürlicherweise in die Kategorientheorie. Wiederum kann einerseits eine einzelne Struktur als eine Kategorie betrachtet werden, und andererseits können wir die Kategorie aller Strukturen eines gegebenen Typs bilden. So haben wir schon gesehen, dass ein Monoid M oder eine Gruppe G die

---

[3]Ein metrischer Raum (S, d) ist eine Menge S mit einer Metrik oder Abstandsfunktion $d :$ $S \times S \to \mathbb{R}^{\geq 0}$, mit $d(x, y) > 0$ für $x \neq y$, $d(x, y) = d(y, x)$ und der Dreiecksungleichung $d(x, y) \leq d(x, z) + d(z, x)$ für alle $x, y, z \in S$.

Kategorie mit M oder G als einzigem Objekt bildet, mit den Multiplikationen durch Monoid- oder Gruppenelemente als Morphismen. Die Elemente des Monoids oder der Gruppe sind also keine Objekte, sondern (Endo)morphismen dieser Kategorie. Alternativ können wir auch die Elemente der Gruppe oder des Monoids als die Objekte der entsprechenden Kategorie nehmen. Die Morphismen sind dann wieder Multiplikationen durch Elemente. In diesem Fall wären also die Objekte gleichzeitig die Morphismen. Wenn wir eine Gruppe als eine Kategorie betrachten, ist jedenfalls jeder Morphismus schon ein Isomorphismus, weil die Gruppenelemente invertierbar sind.

Die Betrachtung von Monoid- oder Gruppenelementen als Morphismen verwirklicht natürlich das allgemeine Prinzip, einen Monoid oder eine Gruppe als aus Operationen bestehend anzusehen. Wir haben schon bemerkt, dass das Assoziativitätsgesetz für Monoide und Gruppen schon in der Definition einer Kategorie enthalten ist. So können die Kategorienaxiome auch als Verallgemeinerung der Gruppenaxiome angesehen werden, da wir nicht mehr die Umkehrbarkeit der Operationen verlangen. Der Begriff des Monoids taucht also natürlicherweise in der Kategorientheorie auf, auch wenn ansonsten der Begriff der Gruppe von größerer mathematischer Bedeutung ist. Wie schon wiederholt bemerkt (s. Lemma 1.2.1), ist eine Kategorie mit einem einzigen Objekt M nichts anderes als ein Monoid, indem die Komposition von Morphismen dann die Monoidmultiplikation definiert. Es gibt dann also sehr viele Endomorphismen dieses einzigen Objektes. Auf der nächsten Stufe haben wir wieder die Kategorien **Mon** der Monoide, **Gr** der Gruppen, und deren Unterkategorien, wie diejenigen der endlichen Gruppen, der abelschen Gruppen, der freien (abelschen) Gruppen, der Liegruppen, usw. In einer solchen Kategorie, beispielsweise von Gruppen, ist ein Objekt wieder eine Gruppe, aber ein Morphismus muss nun die Gruppenstruktur erhalten, also ein Gruppenhomomorphismus sein. Wir müssen hier aber aufpassen. Ein Monoid M oder eine Gruppe G ist als Kategorie betrachtet keine Unterkategorie[4] der Kategorie der Monoide bzw. der Gruppen. Dies liegt daran, dass die Morphismen anders definiert sind. Für eine einzelne Gruppe als eine Kategorie ist die Multiplikation durch jedes Gruppenelement als Operation auf der Gruppe selbst ein Morphismus. In der Kategorie der Gruppen muss jedoch ein Morphismus $\chi : G_1 \rightarrow G_2$ zwischen zwei Objekten deren Gruppenstruktur erhalten. Insbesondere muss χ das neutrale Element von G_1 auf das neutrale Element von G_2 abbilden. Gleiches gilt natürlich für die Kategorie der Monoide.

---

[4]Die Definition ist offensichtlich: Eine Kategorie **D** ist eine Unterkategorie der Kategorie **C**, wenn jedes Objekt D und jeder Morphismus $D_1 \rightarrow D_2$ von **D** auch ein Objekt oder ein Morphismus von **C** ist.

Das Vorstehende kann verallgemeinert werden. M sei wieder ein Monoid mit dem neutralen Element e und dem Produkt mn von m und n. Wir definieren nun die Kategorie $\mathbf{B}M = M - \mathbf{Mengen}$ der Darstellungen von M, also von allen Mengen X mit einer Operation von M auf X,

$$
\begin{aligned}
\mu : \quad & M \times X \quad \to X \\
& (m, x) \quad \mapsto mx
\end{aligned}
$$

mit $\quad ex = x \quad$ und $(mn)x = m(nx)$ für alle $x \in X, m, n \in M$.   (1.26)

Ein Morphismus $f : (X, \mu) \to (Y, \lambda)$ ist dann eine Abbildung $f : X \to Y$, die bezüglich dieser Darstellung äquivariant ist,

$$
f(mx) = mf(x) \quad \text{für alle } m \in M, x \in X \tag{1.27}
$$

(wobei wir auch $\lambda(m, y) = my$ für die Darstellung λ schreiben). Abstrakter ausgedrückt:

$$
f(\mu(m, x)) = \lambda(m, f(x)). \tag{1.28}
$$

Wenn z. B. L ein Linksideal von M ist, dann liefert die Linksmultiplikation durch M auf L eine solche Darstellung.

Noch eine andere Interpretation einer Kategorie führt in die Logik. Diese besteht darin, sie als ein Deduktionssystem aufzufassen. Die Objekte eines Deduktionssystems werden dabei als Formeln interpretiert, und die Pfeile sind dann Beweise oder Deduktionen, und die Operationen auf Pfeilen sind Ableitungsregeln. Für Formeln X, Y, Z und Deduktionen $f : X \to Y$, $g : Y \to Z$ haben wir die binäre Operation der Komposition, die $g \circ f : X \to Z$ liefert, als eine Ableitungsregel. Dadurch, dass wir eine Äquivalenzrelation für Beweise ansetzen, wird ein Deduktionssystem eine Kategorie. Oder umgekehrt ausgedrückt ist eine Kategorie die Formalisierung eines Ableitungssystems.

Wir entwickeln nun einige allgemeine Begriffe.

Definition 1.2.3 Ein Pfeil $f : A \to B$ zwischen zwei Objekten einer Kategorie $\mathbf{C}$ heißt

- *Monomorphismus*, oder kürzer *monisch*, geschrieben als

$$
f : A \rightarrowtail B, \text{ oder } f : A \hookrightarrow B, \tag{1.29}
$$

wenn für alle Morphismen $g_1, g_2 : C \to A$ in $\mathbf{C}$, $fg_1 = fg_2$ auch $g_1 = g_2$
impliziert,
• *Epimorphismus* oder kürzer *episch*,

$$f : A \twoheadrightarrow B, \qquad (1.30)$$

wenn für alle Morphismen $h_1, h_2 : B \to D$ in $\mathbf{C}$, $h_1 f = h_2 f$ auch $h_1 = h_2$
impliziert.

Dies verallgemeinert die Begriffe der injektiven und surjektiven Abbildungen zwischen Mengen.

Ein Isomorphismus ist monisch und episch. In der Kategorie **Mengen** gilt auch die Umkehrung, denn dort ist jeder monische und epische Morphismus schon ein Isomorphismus (Im Kurzjargon: In **Mengen** sind monisch-epische iso). In anderen Kategorien braucht dies allerdings nicht mehr zu gelten. In der Kategorie der freien abelschen Gruppen ist $f : \mathbb{Z} \to \mathbb{Z}, n \mapsto 2n$ monisch und episch, aber nicht iso.

Die vorstehende Definition verkörpert ein allgemeines Prinzip der Kategorientheorie, nämlich Eigenschaften durch Relationen mit anderen Objekten oder Morphismen innerhalb der Kategorie zu definieren. Dieses Prinzip werden wir systematisch anwenden.

Definition 1.2.4 Ein Morphismus f heißt *Endomorphismus,* wenn sein Urbild A mit seinem Bild übereinstimmt,

$$f : A \circlearrowleft. \qquad (1.31)$$

Ein Automorphismus ist also ein invertierbarer Endomorphismus.

Definition 1.2.5 Ein *Unterobjekt* A des Objektes B der Kategorie $\mathbf{C}$ ist ein Monomorphismus $f : A \rightarrowtail B$. A heißt dann auch einfach Unterobjekt von B.

In der Kategorie **Mengen** können wir also von Unter- (oder Teil)mengen sprechen, während wir in der Kategorie **Gr** Untergruppen haben. Für die Menge $\{1, 2, \dots, n\}$ von n Elementen liefert jede Kollektion $\{i_1, i_2, \dots, i_m\}$ für irgendwelche verschiedenen $i_k \in \{1, 2, \dots, n\}$, $m < n$ eine Teilmenge, und die Gruppe $\mathfrak{S}_m$ der Permutationen dieser m Elemente ist eine Untergruppe von $\mathfrak{S}_n$. Die Bemerkung, dass für eine endliche Gruppe G die Linkstranslation l_g durch ein Element $g \in G$ eine Permutation der Elemente von G bewirkt, wobei verschiedene Elemente zu verschiedenen Permutationen führen, bedeutet, dass wir G als eine Untergruppe der Permutationsgruppe ihrer Elemente ansehen können, oder etwas abstrakter: Jede endliche Gruppe ist eine Untergruppe der symmetrischen Gruppe. Dies ist der Satz von Cayley.

Wir können auch die Morphismen einer Kategorie **C** als die Objekte einer anderen Kategorie **D** nehmen. Die Operationen einer Kategorie können also die Objekte einer anderen werden. Insbesondere hat das, was wir in der Mathematik unter einem „Objekt" verstehen, eigentlich nichts mit einem „Objekt" im gewöhnlichen Sprachgebrauch zu tun. In der Kategorientheorie ist ein Objekt einfach irgendetwas, auf dem wir systematische Operationen durchführen können, die es in Beziehung zu anderen Objekten setzen, und weil wir auch auf Operationen operieren können, werden diese auch zu Objekten.

Aber wenn wir Operationen zu Objekten machen, was sind denn dann die Operationen oder Morphismen dieser Kategorie? Die Morphismen von **D** sind Pfeile zwischen Morphismen von **C**,

$$F : (f : A \to B) \to (g : C \to D), \tag{1.32}$$

gegeben durch ein Paar

$$\phi : A \to C, \psi : B \to D \tag{1.33}$$

von Morphismen von **C** mit

$$\psi \circ f = g \circ \phi. \tag{1.34}$$

Man sagt in diesem Fall auch, dass das Diagramm

$$\begin{array}{ccc} A & \xrightarrow{f} & B \\ \phi \downarrow & & \downarrow \psi \\ C & \xrightarrow{g} & D \end{array} \tag{1.35}$$

kommutiert. Die Morphismen einer Kategorie von Morphismen sind also kommutierende Diagramme. Zum Beispiel sei $f : A \to B$ ein Morphismus. Die Identität 1_f wird dann aus den Identitäten 1_A und 1_B durch ein kommutatives Diagramm

$$\begin{array}{ccc} A & \xrightarrow{f} & B \\ 1_A \downarrow & & \downarrow 1_B \\ A & \xrightarrow{f} & B \end{array} \tag{1.36}$$

gewonnen.

Weil also kommutierende Diagramme Morphismen einer Kategorie sind, können wir sie zusammensetzen; es sei also neben (1.35) noch das Diagramm

$$\begin{array}{ccc} B & \xrightarrow{h} & E \\ \psi \downarrow & & \downarrow \rho \\ D & \xrightarrow{k} & F \end{array} \qquad (1.37)$$

gegeben. Dann können wir die beiden längs der gemeinsamen Kante $\psi : B \to D$ komponieren und erhalten das Diagramm

$$\begin{array}{ccccc} A & \xrightarrow{f} & B & \xrightarrow{h} & E \\ \phi \downarrow & & \downarrow \psi & & \downarrow \rho \\ C & \xrightarrow{g} & D & \xrightarrow{k} & F \end{array} \qquad (1.38)$$

Wir hatten oben die Kategorie der Graphen beschrieben, deren Morphismen (1.25) erfüllen müssen. Wir wollen hier die Kategorie der gerichteten Graphen eingeführten, deren Morphismen einer schärfere Bedingung genügen müssen. Wir setzen hierzu anders an als bei den (ungerichteten) Graphen. Ein gerichteter Graph besteht aus einer Menge E von gerichteten Kanten, einer Menge V von Knoten und zwei Morphismen ∂_0, ∂_1, die einer Kante ihren Anfang- und ihren Endknoten zuordnen. Ein Morphismus zwischen zwei gerichteten Graphen $(E, V, \partial_0, \partial_1)$ und $(E', V', \partial_0', \partial_1')$ besteht dann aus Abbildungen $\phi : E \to E'$, $\psi : V \to V'$, für die die Diagramme

$$\begin{array}{ccc} E & \xrightarrow{\partial_i} & V \\ \phi \downarrow & & \downarrow \psi \\ E' & \xrightarrow{\partial_i'} & V' \end{array} \qquad i = 0, 1, \qquad (1.39)$$

kommutieren. Dies passt natürlich mit dem gerade formulierten Prinzip zusammen, dass Morphismen zwischen Morphismen kommutierende Diagramme sind. Wir erinnern auch daran, dass wir jede Kategorie als einen gerichteten Graphen auffassen können.

Wir können auch ein Objekt C von $\mathbf{C}$ nehmen und die Kategorie $\mathbf{C}/C$ aller Morphismen $f : D \to C$ von Objekten D aus $\mathbf{C}$ betrachten. Eine solche Kategorie heißt Faser- oder Kommakategorie. Ein Morphismus $f \to g$ zweier Objekte dieser

Faserkategorie, also von einem Pfeil $f : D \to C$ zu einem Pfeil $g : E \to C$, ist dann ein kommutatives Diagramm

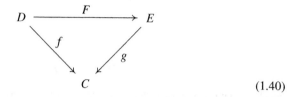

$$(1.40)$$

also ein Pfeil $F : D \to E$ mit $f = g \circ F$.

Funktoren und Prägarben

2

2.1 Funktoren

Wie schon angedeutet, können wir auch Kategorien $\mathcal{C}$ von Kategorien bilden. Die Objekte von $\mathcal{C}$ sind also Kategorien **C**, und die Morphismen $F : \mathbf{C} \to \mathbf{D}$ von $\mathcal{C}$, die sogenannten *Funktoren,* erhalten diese Struktur. Sie bilden also Objekte und Pfeile of **C** auf Objekte und Pfeile von **D** ab, wobei

$$F(f : A \to B) \text{ durch } F(f) : F(A) \to F(B) \text{ gegeben ist,} \qquad (2.1)$$

$$F(g \circ f) = F(g) \circ F(f), \qquad (2.2)$$

$$F(1_A) = 1_{F(A)} \qquad (2.3)$$

für alle A, B, f, g. Das Bild eines Pfeiles unter F ist also ein Pfeil zwischen den Bildern der entsprechenden Objekte unter F. Kompositionen müssen respektiert und Identitäten auf Identitäten abgebildet werden.

Funktoren sind sehr wichtig in der Kategorientheorie. Typischerweise will man nämlich den Objekten einer Kategorie mit einer komplizierten Struktur Objekte einer Kategorie mit einfacherer Struktur zuordnen, die dabei aber wichtige qualitative Eigenschaften ersterer erfassen sollen. Zum Beispiel werden in der algebraischen Topologie einem topologischen Raum seine Kohomologiegruppen zugeordnet (dies kann allerdings hier nicht erklärt werden; wir verweisen z. B. auf [4]). Diese Gruppen sind algebraische Objekte, die qualitative topologische Eigenschaften dieser Räume kodieren. Die wichtige Frage ist dann jeweils, ob durch eine solche Konstruktion schon alle wesentlichen Eigenschaften erfasst werden, ob also z. B. die Kohomologiegruppen schon die Topologie eines Raumes bestimmen. Meist ist das allerdings nicht der Fall.

© Springer Fachmedien Wiesbaden GmbH, ein Teil von Springer Nature 2019
J. Jost, *Kategorientheorie, essentials,*
https://doi.org/10.1007/978-3-658-28313-1_2

Ein Funktor, der eine Kategorie auf eine andere mit weniger Struktur abbildet, heißt vergesslich.

Insbesondere können wir auch Funktoren $F : \mathbf{C} \to \mathbf{C}$ einer Kategorie auf sich selbst betrachten. Diese Funktoren lassen sich dann iterieren. In **Mengen** mit der Inklusion $\subset$ als Morphismus haben wir z. B. den Funktor

$$S \mapsto \mathcal{P}(S), \qquad (2.4)$$

der eine Menge S auf die Menge $\mathcal{P}(S)$, auch mit 2^S bezeichnet, ihrer Teilmengen abbildet. Und wenn $S_1 \subset S_2$, so auch $\mathcal{P}(S_1) \subset \mathcal{P}(S_2)$, also die Funktorialität von (2.4). Die Menge $\mathcal{P}(S)$ ist natürlich größer als die Menge S selbst und umfasst diese, da für jedes $s \in S$ auch $\{s\} \in \mathcal{P}(S)$ ist, aber $\mathcal{P}(S)$ liegt auch in **Mengen**, und wir können daher auch $\mathcal{P}(\mathcal{P}(S))$ etc. bilden, ohne unsere Kategorie zu verlassen.

$\mathcal{P}(S)$ trägt allerdings noch mehr Struktur als S selbst, und zwar die Struktur einer teilgeordneten Menge mit der durch $\subset$ gegebenen Ordnungsrelation $\leq$. $\mathcal{P}(S)$ hat dann als größtes Element S und als kleinstes $\emptyset$.

Für zwei Kategorien $\mathbf{C}$, $\mathbf{D}$ können wir auch die Kategorie $\mathbf{Fun}(\mathbf{C}, \mathbf{D})$ aller Funktoren $F : \mathbf{C} \to \mathbf{D}$ betrachten. Die Morphismen dieser Kategorie heißen *natürliche Transformationen*. Eine natürliche Transformation

$$\theta : F \to G \qquad (2.5)$$

bildet einen Funktor F auf einen anderen Funktor G ab, unter Berücksichtigung der Struktur der Kategorie $\mathbf{Fun}(\mathbf{C}, \mathbf{D})$. Was ist diese Struktur, und wie kann sie erhalten werden? Nun ist ein Funktor dadurch definiert, dass er Morphismen von $\mathbf{C}$ in Morphismen von $\mathbf{D}$ überführt. Aus $f : C \to C'$ in $\mathbf{C}$ erhalten wir also Morphismen $Ff : FC \to FC'$ und $Gf : GC \to GC'$ in $\mathbf{D}$. Eine natürliche Transformation $\theta : F \to G$ muss diese Relation erhalten. Für jedes $C \in \mathbf{C}$ induziert sie also einen Morphismus

$$\theta_C : FC \to GC, \qquad (2.6)$$

für den das Diagramm

$$
\begin{array}{ccc}
FC & \xrightarrow{\;\theta_C\;} & GC \\
{\scriptstyle Ff}\downarrow & & \downarrow{\scriptstyle Gf} \\
FC' & \xrightarrow{\;\theta_{C'}\;} & GC'
\end{array}
\qquad (2.7)
$$

kommutiert.

Insbesondere können wir Funktorkategorien der Form **Mengen**^{C} betrachten, gewonnen aus der Kategorie **Mengen** und einer kleinen Kategorie **C** (**C** heißt klein, wenn ihre Objekte und ihre Pfeile jeweils Mengen aus einem festen Universum U bilden; diese Einschränkung dient dazu, mengentheoretische Paradoxien zu vermeiden). Die Objekte von **Mengen**^{C} sind Funktoren

$$F, G : \mathbf{C} \to \mathbf{Mengen}, \tag{2.8}$$

und die Pfeile sind natürliche Transformationen

$$\phi, \psi : F \to G. \tag{2.9}$$

Nach (2.6), (2.7) bedeutet dies, dass z. B. $\phi : F \to G$ für jedes $C \in \mathbf{C}$ einen Morphismus

$$\phi_C : FC \to GC \tag{2.10}$$

induzieren muss, für den das Diagramm

$$
\begin{array}{ccc}
FC & \xrightarrow{\phi_C} & GC \\
{\scriptstyle Ff}\big\downarrow & & \big\downarrow{\scriptstyle Gf} \\
FC' & \xrightarrow{\phi_{C'}} & GC'
\end{array}
\tag{2.11}
$$

kommutiert.

Wir brauchen auch die entgegengesetzte Kategorie $\mathbf{C}^{\mathrm{op}}$, die aus $\mathbf{C}$ gewonnen wird, indem man die Objekte beibehält, aber die Richtungen aller Pfeile umdreht. Dies bedeutet einfach, dass ein Pfeil $C \to D$ in $\mathbf{C}^{\mathrm{op}}$ einem Pfeil $D \to C$ in $\mathbf{C}$ entspricht. Wenn die Kategorie $\mathbf{C}$ beispielsweise eine teilgeordnete Menge ist, so ersetzt man dabei einfach $x \leq y$ durch $y \geq x$.

Wir können dann auch die Kategorie **Mengen**$^{\mathbf{C}^{\mathrm{op}}}$ für eine kleine Kategorie $\mathbf{C}$ betrachten. z. B. für $\mathbf{C} = \mathcal{P}(S)$, deren Objekte die Teilmengen U der Menge S und deren Morphismen die Inklusionen $V \subset U$ sind. In $\mathcal{P}(S)^{op}$ haben wir dann die Morphismen $U \supset V$, und solche Morphismen induzieren dann Morphismen zwischen den U und V durch ein Element aus **Mengen**$^{\mathbf{C}^{\mathrm{op}}}$ zugeordneten Mengen. Dies wollen wir nun systematisch fassen.

2.2   Prägarben

Definition 2.2.1   Ein Element P aus $\mathbf{Mengen}^{\mathbf{C}^{op}}$ heißt *Prägarbe* auf $\mathbf{C}$.
Für einen Pfeil $f : V \to U$ in $\mathbf{C}$ und $x \in PU$ heißt der Wert $Pf(x)$, wobei
$Pf : PU \to PV$ das Bild von f unter P ist, die *Einschränkung* von x längs f.

Im Falle $\mathbf{C} = \mathcal{P}(S)$ drückt eine Prägarbe also formal die Möglichkeit aus, Objekte,
und zwar die möglicherweise strukturtragenden Mengen, die man Untermengen von
S zuordnet, von einer Menge $U \subset S$ auf ihre Teilmengen einzuschränken.

Ein **Beispiel:** Wir betrachten die Kategorie der offenen Untermengen von $\mathbb{R}$
(oder allgemeiner einem topologischen Raum X), deren Morphismen die Inklusionen $V \subset U$ sind. Jedem U ordnen wir die Menge der stetigen Funktionen auf U
zu. Wenn $V \subset U$ und $\phi : U \to \mathbb{R}$ eine stetige Funktion ist, so ist die Einschrän-
kung $\phi_{|V} : V \to \mathbb{R}$ eine stetige Funktion auf V. Stetige Funktionen lassen sich also
auf offene Teilmengen einschränken, allerdings nicht unbedingt auf Obermengen
erweitern. Beispielsweise ist $x \mapsto 1/x$ eine stetige Funktion auf $(0, \infty)$, die sich
nicht zu einer stetigen Funktion auf ganz $\mathbb{R}$ erweitern lässt. Da die Einschränkung
in umgekehrter Richtung wie die Inklusion läuft, tritt in der Definition der Prägarbe
die Kategorie $\mathbf{C}^{op}$ auf.

Wir wollen nun eine Familie von besonderen Prägarben konstruieren, die es
uns erlauben wird, eine abstrakte kategorientheoretische Aussage zu gewinnen. Wir
betrachten $\mathrm{Hom}_{\mathbf{C}}(V, U)$, die Menge der Morphismen in the Kategorie $\mathbf{C}$ zwischen
den Objekten V und U. Jedes Objekt $U \in \mathbf{C}$ liefert dann die Prägarbe yU, definiert
auf einem Objekt V durch

$$yU(V) = \mathrm{Hom}_{\mathbf{C}}(V, U) \tag{2.12}$$

und auf einem Morphismus $f : W \to V$ durch

$$yU(f) : \mathrm{Hom}_{\mathbf{C}}(V, U) \to \mathrm{Hom}_{\mathbf{C}}(W, U)$$
$$h \qquad \mapsto h \circ f. \tag{2.13}$$

Wenn $f : U_1 \to U_2$ ein Morphismus von $\mathbf{C}$ ist, erhalten wir durch Komposition mit
f die natürliche Transformation

$$yU_1 = \mathrm{Hom}_{\mathbf{C}}(-, U_1) \to yU_2 = \mathrm{Hom}_{\mathbf{C}}(-, U_2) \tag{2.14}$$
$$(g : V \to U_1) \mapsto (f \circ g : V \to U_2).$$

Dies liefert den Yoneda-Funktor

$$y : \mathbf{C} \to \mathbf{Mengen}^{\mathbf{C}^{op}}. \qquad (2.15)$$

Der Satz von Yoneda sagt uns dann

Satz 2.2.1 *Falls die Funktoren* $\mathrm{Hom}_{\mathbf{C}}(-, C)$ *und* $\mathrm{Hom}_{\mathbf{C}}(-, C')$ *für zwei Objekte* C, C' *aus* $\mathbf{C}$ *isomorph sind, dann sind* C *und* C' *auch selbst isomorph (und natürlich auch umgekehrt). Allgemeiner entsprechen für* $C, C' \in \mathbf{C}$ *die Morphismen zwischen den Funktoren* $\mathrm{Hom}_{\mathbf{C}}(-, C)$ *und* $\mathrm{Hom}_{\mathbf{C}}(-, C')$ *den Morphismen zwischen* C *und* C'.

Dieser Satz verkörpert und rechtfertigt das grundlegende Prinzip der Kategorientheorie, dass Objekte durch ihre Morphismen mit anderen Objekten bestimmt sind.

Indem wir $\mathbf{C}$ durch $\mathbf{C}^{op}$ ersetzen, erhalten wir aus dem Yoneda-Funktor (2.15) den Funktor

$$z : \mathbf{C}^{op} \to \mathbf{Mengen}^{\mathbf{C}} \qquad (2.16)$$

$$C \mapsto \mathrm{Hom}_{\mathbf{C}}(C, -) = \mathrm{Hom}_{\mathbf{C}^{op}}(-, C),$$

und aus der Isomorphie von $\mathrm{Hom}_{\mathbf{C}}(C, -)$ und $\mathrm{Hom}_{\mathbf{C}}(C', -)$ lässt sich dann ebenfalls auf die Isomorphie von C und C' schließen.

Die Prägarbe yU mit

$$yU(V) = \mathrm{Hom}_{\mathbf{C}}(V, U), \qquad (2.17)$$

wird auch Punktefunktor genannt, weil er U durch die Morphismen von anderen Objekten V der Kategorie beschreibt. Wenn wir insbesondere mit der Kategorie **Mengen** arbeiten und V eine einelementige Menge ist, dann bestimmt jeder Morphismus von einem solchen V in eine Menge U ein Element aus U, also einen Punkt in U. Wenn V eine allgemeinere Menge ist, so erhalten wir eine durch V parametrisierte Familie von Punkten in U. Der kategorientheoretische Zugang geht also in natürlicher Weise mit solchen verallgemeinerten Punkten um. Dies ist beispielsweise in der algebraischen Geometrie wichtig, wo eine algebraische Varietät durch Morphismen von anderen algebraischen Varietäten exploriert wird.

In der umgekehrten Richtung erhalten wir durch

$$zU(V) = \mathrm{Hom}_{\mathbf{C}}(U, V), \qquad (2.18)$$

den Funktionenfunktor. Als V könnte man hier einen Körper wie $\mathbb{R}$ oder $\mathbb{C}$ nehmen, aber die kategorientheoretische Konstruktion lässt beliebige V zu.

Wir betrachten noch einmal die Kategorie $\mathcal{C} = \mathcal{P}(S)$ der Teilmengen einer Menge S. Für eine Prägarbe $P : \mathcal{P}(S)^{\mathrm{op}} \to$ **Mengen** haben wir die Einschränkungsabbildungen

$$p_{VU} : PV \to PU \text{ for } U \subset V, \qquad (2.19)$$

welche

$$p_{UU} = 1_{PU} \qquad (2.20)$$

und

$$p_{WU} = p_{VU} \circ p_{WV} \text{ für } U \subset V \subset W \qquad (2.21)$$

erfüllen.

Definition 2.2.2 Die Prägarbe $P : \mathcal{P}(S)^{\mathrm{op}} \to$ **Mengen** heißt *Garbe,* falls sie die folgende Bedingung erfüllt: Ist $U = \bigcup_{i \in I} U_i$ für eine Familie $(U_i)_{i \in I} \subset \mathcal{P}(S)$ und ist $(\pi_i \in PU_i)_{i \in I}$ eine Familie mit

$$p_{U_i, U_i \cap U_j} \pi_i = p_{U_j, U_i \cap U_j} \pi_j \text{ für alle } i, j \in I, \qquad (2.22)$$

so gibt es ein eindeutiges $\pi \in PU$ mit $p_{UU_i} \pi = \pi_i$ für alle i.

π_i, die in dem Sinne miteinander verträglich sind, dass ihre Einschränkungen π_i und π_j immer auf dem Durchschnitten $U_i \cap U_j$ übereinstimmen, lassen sich also zu einem π auf PU zusammenfügen, dessen Einschränkungen auf PU_i gerade die π_i sind.

Wenn wir beispielsweise stetige Funktionen auf offenen Mengen $U_i \in \mathbb{R}$ nehmen, die auf den jeweiligen Durchschnitten übereinstimmen, so erhalten wir eine stetige Funktion auf $\bigcup_{i \in I} U_i$. Die Prägarbe der stetigen Funktionen ist also eine Garbe.

Universelle Konstruktionen

3

3.1 Diagramme und Kegel

Neben einzelnen Objekten und Morphismen, also zwei durch einen Pfeil verbundenen Objekten, können wir auch allgemeinere Konfigurationen betrachten, die aus mehreren Objekten bestehen, die in einer spezifizierten Weise durch Pfeile miteinander verbunden sind. Dies wollen wir nun formal fassen.

Definition 3.1.1 Es sei **C** eine Kategorie und **I** eine andere Kategorie, *Indexmenge* genannt, deren Objekte wir mit $i, j, \ldots$ bezeichnen. Ein *Diagramm* vom Typ **I** in **C** ist dann ein Funktor

$$D : \mathbf{I} \to \mathbf{C}, \tag{3.1}$$

und wir schreiben D_i anstatt $D(i)$ und $D_{i \to j}$ für den Morphismus $D(i \to j) : D_i \to D_j$, also das Bild des Morphismus $i \to j$.

Wir zeichnen also bestimmte Objekte von **C** aus, indem wir sie mit einem Index $i \in \mathbf{I}$ versehen und verlangen dabei, dass diese Indexelemente auch die Pfeile aus **I** tragen. Ein Diagramm vom Typ **I** besteht also einfach aus Objekten aus **C** mit den durch **I** vorgegebenen Pfeilen. Dabei ist **I** typischerweise eine endliche Kategorie mit nur wenigen Objekten.

Wir haben dann die Funktorkategorie $\mathbf{C}^{\mathbf{I}} = Fun(\mathbf{I}, \mathbf{C})$, die aus Diagrammen in **C** vom Typ **I** besteht.

Wenn $\mathbf{I} = \{1\} =: \mathbf{1}$ nur ein einziges Objekt[1] und als einzigen Pfeil nur die Identität dieses Objektes besitzt, dann ist ein Diagramm nichts weiter als ein Objekt in **C**. Jedes Objekt aus **C** kann also mit einem Funktor

---

[1] wobei 1 hier nur ein Label ohne weitere inhaltliche Bedeutung ist

© Springer Fachmedien Wiesbaden GmbH, ein Teil von Springer Nature 2019
J. Jost, *Kategorientheorie, essentials*,
https://doi.org/10.1007/978-3-658-28313-1_3

$$\mathbf{1} \to \mathbf{C} \qquad (3.2)$$

identifiziert werden, wie immer bis auf Isomorphismus. Die Elemente einer Menge S können also als Pfeile von einer einelementigen Menge nach S aufgefasst werden, wie wir schon bemerkt hatten. (3.2) sagt uns also, dass auch allgemein die Objekte einer Kategorie als Funktoren oder Diagramme angesehen werden können. Wenn $\mathbf{I} = \{1, 2\} =: \mathbf{2}$ nur zwei Objekte und deren Identitätspfeile und einen weiteren Pfeil $1 \to 2$ besitzt, dann entspricht jeder Funktor

$$\mathbf{2} \to \mathbf{C} \qquad (3.3)$$

einem Pfeil von $\mathbf{C}$. Ein Diagramm vom Typ $\mathbf{2}$ ist also durch zwei durch einen Pfeil verbundene Objekte

$$D_1 \longrightarrow D_2 \qquad (3.4)$$

gegeben, wobei wir natürlich wieder die Identitätspfeile weggelassen haben.

Als nächstes Beispiel betrachten wir die Kategorie **Mengen** und als Indexmenge die Kategorie $\Gamma = \{1, 0\}$ mit zwei Pfeilen

$$\alpha, \omega : 1 \rightrightarrows 0. \qquad (3.5)$$

Ein zugehöriges Diagramm G ist nun ein Mengenpaar mit einem Pfeilpaar

$$g_\alpha, g_\omega : G_1 \rightrightarrows G_0. \qquad (3.6)$$

Jedem Element e von G_1 werden nun also zwei Elemente $\alpha(e), \omega(e)$ of G_0 zugeordnet. Dies ist ein gerichteter Graph mit Kantenmenge G_1 und Knotenmenge G_0, mit $\alpha(e)$ und $\omega(e)$ als Anfang und Ende der Kante e.

Wir wollen nun ein Diagramm durch ein einzelnes Objekt erfassen, das zu allen Objekten des Diagramms Morphismen unterhält, in einer mit der Diagrammstruktur verträglichen Weise.

Definition 3.1.2 Ein *Kegel* über einem Diagramm D besteht aus einem Objekt C aus $\mathbf{C}$ und einer Familie von Pfeilen

$$c_i : C \to D_i \text{ für } i \in \mathbf{I}, \qquad (3.7)$$

mit der Eigenschaft, dass für jeden Pfeil $i \to j$ in **I** das Diagramm

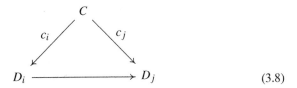

$$(3.8)$$

kommutiert.

Von einem solchen C muss es also Pfeile zu allen Objekten der indizierten Familie geben, verträglich mit den Morphismen dieser Familie. Im Allgemeinen sind allerdings die Morphismen von C zu den D_i nicht eindeutig. Wenn es nämlich einen nichttrivialen Endomorphismus $d_i : D_i \to D_i$ eines D_i gibt, der durch einen Endomorphismus von i in **I** induziert wird, dann ist $d_i \circ c_i$ ebenfalls ein Morphismus von C nach D_i.

Auch dies erzeugt wiederum eine neue Kategorie, und zwar die Kategorie **Kegel**(D) der Kegel über D, deren Morphismen

$$\gamma : (C, c_i) \to (C', c_i') \qquad (3.9)$$

$$c_i = c_i' \circ \gamma \text{ für alle } i \in \mathbf{I} \qquad (3.10)$$

erfüllen müssen. Es muss also das Diagramm

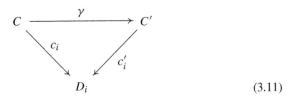

$$(3.11)$$

kommutieren.

Nehmen wir mal die Indexkategorie $\mathbf{I} = \{1, 2, 3\}$ mit den folgenden nichttrivialen Pfeilen

$$(3.12)$$

Ein entsprechendes Diagramm ist

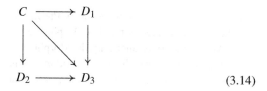

$$D_1$$

$$D_2 \longrightarrow D_3 \tag{3.13}$$

Ein Kegel über diesem Diagramm ist

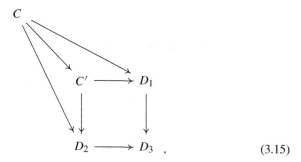

$$\begin{array}{ccc} C & \longrightarrow & D_1 \\ \downarrow & \searrow & \downarrow \\ D_2 & \longrightarrow & D_3 \end{array} \tag{3.14}$$

Wir brauchen den Pfeil von C nach D_3 hier eigentlich gar nicht zu zeichnen, weil er sich aufgrund der Kommutativität aus demjenigen von C nach D_1 oder D_2 und dem Pfeil von diesem Objekt nach D_3 ergibt. Ein Morphismus (3.9) zweier derartiger Diagramme ergibt dann ein Diagramm

$$\begin{array}{ccc} C & & \\ & C' \longrightarrow D_1 & \\ & \downarrow \qquad\quad \downarrow & \\ & D_2 \longrightarrow D_3 & , \end{array} \tag{3.15}$$

in welchem wir die Pfeile nach D_3 aus dem gerade erwähnten Grunde weglassen.

Wir wollen nun unter den verschiedenen Kegeln über einem Diagramm bestimmte auszeichnen, die in gewisser Weise auf die sparsamste Weise die Struktur des Diagramms erfassen. Dies wird uns im nächsten Abschnitt mittels des Konzeptes des kategorientheoretischen Limes gelingen.

3.2   Limiten und universelle Konstruktionen

Als Vorbereitung und Modell für den Begriff des kategorientheoretischen Limes suchen wir bestimmte Objekte einer Kategorie, die durch eine bestimmte universelle Eigenschaft ausgezeichnet sind.

Definition 3.2.1 $\mathbf{C}$ sei eine Kategorie. $\mathbf{0} \in \mathbf{C}$ ist ein *initiales Objekt*, falls es für jedes Objekt $C \in \mathbf{C}$ einen eindeutigen Morphismus

$$\mathbf{0} \to C \tag{3.16}$$

gibt. $\mathbf{1} \in \mathbf{C}$ ist ein *terminales Objekt*, falls es für jedes Objekt $C \in \mathbf{C}$ einen eindeutigen Morphismus

$$C \to \mathbf{1} \tag{3.17}$$

gibt.

Dies sind die einfachsten Beispiele für ein allgemeines Prinzip der Kategorientheorie, Objekte durch *universelle Eigenschaften* zu definieren. Wenn wir es mittels Diagrammen ausdrücken, so erhalten wir, wenn die Kategorie ein initiales Objekt $\mathbf{0}$ besitzt, für jeden Morphismus

$$C \longrightarrow D \tag{3.18}$$

ein kommutierendes Diagramm

$$\tag{3.19}$$

mit den eindeutigen Morphismen von $\mathbf{0}$ nach C und D. Diese Eigenschaft ist äquivalent zur Definition eines initialen Objektes.

Dieses allgemeine Prinzip der Kategorientheorie werden wir systematisch anwenden. Objekte werden im Einklang mit dem Yonedalemma nicht durch ihre innere Struktur, sondern allein durch ihre Beziehungen zu anderen Objekten definiert. Das jeweilige Objekt wird dabei durch universelle Eigenschaften bestimmt.

Es ist daher auch klar, oder zumindest leicht verifizierbar, dass initiale (terminale) Objekte eindeutig sind, natürlich bis auf Isomorphismen – wenn es sie denn überhaupt gibt. In einer Menge mit mehr als einem Element gibt es beispielsweise kein initiales Element, weil es überhaupt keine Pfeile zwischen verschiedenen Elementen gibt. Hier sind einige weitere Beispiele für die Existenz oder Nichtexistenz initialer und terminaler Objekte.

1. In einer teilgeordneten Menge A ist ein Element a initial, falls $a \leq b$ für alle $b \in A$, wenn also a ein kleinstes Element ist. Ein solches Element braucht nicht zu existieren. Entsprechend ist ein terminales Objekt ein größtes Objekt. Beispielsweise enthält die teilgeordnete Menge $(\mathbb{Z}, \leq)$ weder ein kleinstes noch ein größtes Element und besitzt daher als Kategorie kein initiales oder terminales Objekt.

2. $\mathcal{P}(X)$, die Potenzmenge einer Menge X, mit $\subset$ als Teilordnung, hat dagegen mit $\emptyset$ und X ein initiales und ein terminales Element, denn offensichtlich ist

$$\emptyset \subset A \qquad (3.20)$$

und

$$A \subset X \qquad (3.21)$$

für alle $A \in \mathcal{P}(X)$.

3. In der Kategorie der Mengen ist die leere Menge initial, und eine (oder präziser, die) einelementige Menge ist terminal, denn die Abbildung $\sigma : S \rightarrow \mathbf{1}$ mit $\sigma(s) = 1$ für alle $s \in S$ ist eindeutig, wie für ein terminales Objekt verlangt. (Zwar gibt es auch eine Abbildung s von der einelementigen Menge $\mathbf{1} = \{1\}$ in jede andere Menge S, die 1 auf ein beliebiges $s \in S$ abbildet, aber da dieses s beliebig ist, ist die Abbildung nicht mehr eindeutig, wenn S mehr als ein Element enthält.)

4. Ähnlich ist in der Kategorie der Graphen das initiale Objekt der leere Graph und das terminale Objekt der Graph mit einem einzigen Knoten v_0 und einer Kante von v_0 zu sich selbst.

5. Im Abschn. 1.2 haben wir zwei verschiedene Kategorien metrischer Räume eingeführt, mit den gleichen Objekten, aber verschiedenen Morphismen. In der ersten der beiden Kategorien waren die Morphismen Isometrien, also Abbildungen $f : (S_1, d_1) \rightarrow (S_2, d_2)$ mit $d_2(f(x), f(y)) = d_1(x, y)$ für alle $x, y \in S_1$. Wir können natürlich den leeren metrischen Raum isometrisch in jeden anderen metrischen Raum abbilden; jener ist also initial in dieser Kategorie. Es gibt aber

kein terminales Objekt in dieser Kategorie, weil es keinen metrischen Raum (S_∞, d_∞) gibt, in den wir jeden anderen metrischen Raum (S, d) isometrisch abbilden können. In der zweiten Kategorie metrischer Räume müssen Morphismen nur noch $d_2(f(x), f(y)) \leq d_1(x, y)$ für alle $x, y \in S_1$ erfüllen, dürfen also Abstände nicht vergrößern. Der leere metrische Raum ist auch in dieser Kategorie initial. Nun haben wir aber auch ein terminales Objekt, denn wir können jeden metrischen Raum ohne Abstände zu vergrößern auf den trivialen metrischen Raum (S_0, d_0), der nur ein einziges Element x_0 enthält, abbilden.

6. In der Kategorie der Gruppen ist die triviale Gruppe, die als einziges Element das neutrale Element enthält, sowohl initial als auch terminal.

7. In der Kategorie der kommutativen Ringe mit Eins (1) ist der triviale Ring mit $0 = 1$ immer noch terminal, aber dieser Ring kann nun nicht mehr initial sein, denn wir wissen dann nicht mehr, ob wir dieses Element auf 0 oder 1 in einem anderen Ring abbilden sollen, wenn in dem betreffenden Ring diese beiden Elemente nicht mehr zusammenfallen. In dieser Kategorie ist stattdessen der Ring der ganzen Zahlen $\mathbb{Z}$ initial. Es sei nämlich R ein kommutativer Ring mit 1. Das neutrale Element der Addition $+$ sei 0, und das additive Inverse von 1 sei -1. Wir bilden dann $0 \in \mathbb{Z}$ auf $0 \in R$ und $1 \in \mathbb{Z}$ auf $1 \in R$ ab. Um daraus einen Ringhomomorphismus zu bekommen, müssen wir $n \in \mathbb{Z}$ auf $1 + \cdots + 1$ (n mal) für $n > 0$ und auf $(-1) + \ldots (-1)$ ($-n$ mal) für $n < 0$ abbilden. Wenn z. B. $R = \mathbb{Z}_2$, so wird dadurch jedes ungerade $n \in \mathbb{Z}$ auf 1 und jedes gerade auf 0 abgebildet.

Wir können hier schon ein grobes Muster erkennen. Wenn die leere Menge ein Objekt der betrachteten Kategorie ist, so bildet diese das initiale Objekt. Wenn jedes Objekt der Kategorie dagegen bestimmte ausgezeichnete Elemente enthalten muss, so muss dies auch ein initiales Objekt tun, und wenn, wie im Falle eines kommutativen Ringes mit 1, ein solches Element eine Reihe anderer Elemente erzeugt, so muss dies ein initiales Objekt ebenfalls tun. Ein terminales Objekt muss die Relationen oder Operationen der Objekte der betrachteten Kategorie in minimaler Weise ermöglichen. Es besteht daher typischerweise aus einem einzigen Element.

Wir wenden nun das Konzept des terminalen Objektes auf Kategorien von Kegeln an.

Definition 3.2.2 Ein *Limes* $p_i : \lim_{\overleftarrow{Kegel(D)}} C_{Kegel(D)} \to D_i, i \in \mathbf{I}$, für ein Diagramm $D : \mathbf{I} \to \mathbf{C}$ ist ein terminales Objekt in der Kategorie **Kegel**(D).

Für jeden Kegel (C, c_i) über D gibt es also ein eindeutiges
$\gamma : C \to \lim_{\overline{Kegel(D)}} C_{Kegel(D)}$ mit

$$p_i \circ \gamma = c_i \text{ für alle } i. \tag{3.22}$$

Die Bezeichnung „Limes" ist hier allerdings sehr unglücklich gewählt, weil ein solcher Limes wenig mit dem aus der Analysis bekannten Konzept des Limes zu tun hat. Das analytische Konzept der Konvergenz ist hier durch dasjenige der Universalität ersetzt worden. Die Terminologie lässt sich aber wohl nicht mehr ändern.

Die in Def. 3.2.2 gegebene Konstruktion ist sehr allgemein und liefert daher eine umfassende Perspektive für viele wichtige Konstruktionen der Kategorientheorie. Im einfachsten Fall ist $\mathbf{I}$ die leere Kategorie, und dann gibt es nur ein Diagramm $D : \mathbf{I} \to \mathbf{C}$, und ein Limes ist dann einfach ein terminales Objekt in $\mathbf{C}$. Das Konzept des Limes verallgemeinert dann dieses Beispiel in dem Sinne, dass nicht mehr nur Morphismen zu Objekten, sondern Morphismen zu Diagrammen betrachtet werden, also zu Arrangements von durch Morphismen verknüpften Objekten.

Wir kehren zu dem Beispiel (3.13) zurück. Ein Limes für dieses Diagramm ergibt ein Diagramm

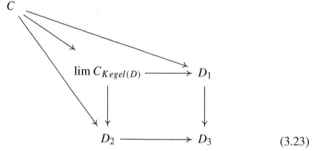

$$\tag{3.23}$$

für jeden Kegel der Art (3.14).

Wenn $\mathbf{I} = \{1\} =: \mathbf{1}$ nur ein einziges Objekt und nur den Identitätspfeil dieses Objektes besitzt, so ist, wie wir schon bemerkt haben, ein Diagramm ein Objekt in $\mathbf{C}$. Ein Kegel ist dann einfach ein Pfeil $C \to D$. Und wenn $\mathbf{I} = \{1, 2\} =: \mathbf{2}$ nur zwei Objekte mit ihren Identitätspfeilen und einen weiteren Pfeil $1 \to 2$ besitzt, dann entspricht jeder Funktor

$$\mathbf{2} \to \mathbf{C} \tag{3.24}$$

einem Pfeil von **C**. Ein Kegel ist dann ein kommutierendes Diagramm

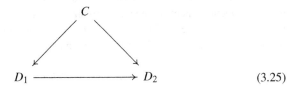

$$ \tag{3.25} $$

Für **1** als Indexkategorie ist der Limes eines Diagrammes (3.2) dieses Objekt selbst; hier ist also ein Diagramm sein eigener Limes. Entsprechend ist für die Indexkategorie **2** ein terminaler Kegel einfach ein Pfeil $D_1 \to D_2$.

Wir betrachten nun wieder die Kategorie $\mathbf{I} = \{1, 2\}$, die nur die Identitätspfeile besitzt. Ein Diagramm $D : \mathbf{I} \to \mathbf{C}$ ist dann ein Paar D_1, D_2 von Objekten von **C**, und ein Kegel ist ein Objekt C mit Pfeilen

$$ D_1 \xleftarrow{\ c_1\ } C \xrightarrow{\ c_2\ } D_2, \tag{3.26} $$

Ein terminaler Kegel wird dann als *Produkt* $D_1 \times D_2$ bezeichnet. Ein Produkt $D_1 \times D_2$ zweier Objekte D_1, D_2 ist also ein Objekt mit Morphismen $d_1 : D_1 \times D_2 \to D_1, d_2 : D_1 \times D_2 \to D_2$ (die auch als Projektionen bezeichnet werden), und die universelle Eigenschaft besteht dann darin, dass, wenn C ein Objekt mit Morphismen $c_1 : C \to D_1, c_2 : C \to D_2$ ist, es einen eindeutigen Morphismus $c : C \to D_1 \times D_2$ mit $c_1 = d_1 \circ c, c_2 = d_2 \circ c$ gibt. Insbesondere ist ein Produkt wie alle universellen Objekte eindeutig bis auf einen (eindeutigen) Isomorphismus. Das entsprechende kommutierende Diagramm ist

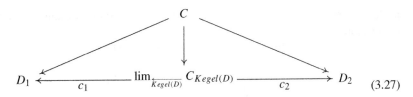

$$ \tag{3.27} $$

für jeden Kegel C über dem Diagramm.

Allerdings gibt es nicht in jeder Kategorie Produkte. Als Beispiel betrachten wir eine teilgeordnete Menge. Ein Produkt $a \times b$ zweier Elemente a, b muss dann Pfeile nach a und nach b besitzen, also

$$ a \times b \leq a \text{ und } a \times b \leq b, \tag{3.28} $$

und als Limes muss dann auch, sobald ein c die Relationen $c \leq a, c \leq b$ erfüllt, auch $c \leq a \times b$ gelten. $a \times b$ ist also die größte untere Schranke von a und b, und die braucht es nicht zu geben. Wenn unsere teilgeordnete Menge allerdings die Potenzmenge $\mathcal{P}(X)$ einer Menge X ist, also die Menge aller Teilmengen von S mit der Teilmengenbeziehung als Ordnung, dann ist

$$a \times b = a \cap b. \tag{3.29}$$

Das Produkt ist also der Durchschnitt der beiden Mengen, weil $a \cap b$ die größte gemeinsame Teilmenge von a und b ist.

Wir betrachten noch einmal die Indexkategorie $\mathbf{I} = \{1, 2, 3\}$ aus (3.12),

$$
\begin{array}{ccc}
& 1 & \\
& \downarrow & \\
2 & \longrightarrow & 3
\end{array}
\tag{3.30}
$$

Ein Limes eines entsprechenden Diagramms, wie in (3.23) dargestellt,

$$
\begin{array}{ccc}
& & D_1 \\
& & \downarrow {\scriptstyle d_\alpha} \\
D_2 & \xrightarrow{\;d_\beta\;} & D_3
\end{array}
\tag{3.31}
$$

heißt dann *Rückholung* (auf Englisch *pullback*) von d_α, d_β; dies ist universell für das Diagramm

$$
\begin{array}{ccc}
\lim_{\overleftarrow{Kegel(D)}} C_{Kegel(D)} & \longrightarrow & D_1 \\
\downarrow & & \downarrow {\scriptstyle d_\alpha} \\
D_2 & \xrightarrow{\;d_\beta\;} & D_3
\end{array}
\tag{3.32}
$$

In der Kategorie der Mengen besteht die Rückholung P von $f : X \to Z, g : Y \to Z$ aus den Paaren (x, y) mit $x \in X, y \in Y, f(x) = g(y)$ und den Projektionen π_X, π_Y nach X und Y. Wir haben also das Diagramm

$$P \xrightarrow{\pi_X} X$$

$$\pi_Y \downarrow \qquad \downarrow f$$

$$Y \xrightarrow{g} Z \qquad\qquad (3.33)$$

und die Bedingung $f(x) = g(y)$ wird

$$f \circ \pi_X = g \circ \pi_Y, \qquad\qquad (3.34)$$

also die minimale Bedingung dafür, dass das Diagramm (3.33) kommutiert.

Falls die Kategorie $\mathbf{C}$ ein terminales Objekt 1 besitzt, so wird mit $D_3 = 1$ die Rückholung (3.32) das Produkt $D_1 \times D_2$. Denn weil es eindeutige Morphismen von D_1 und D_2 nach 1 gibt, werden die Diagramm für Rückholungen zu denjenigen für Produkte (3.26), (3.27).

Wir hatten schon bemerkt, dass man in einer Kategorie $\mathbf{C}$ einfach alle Pfeile herumdrehen kann. Dadurch gelangt man zur entgegengesetzten Kategorie $\mathbf{C}^{op}$, und in dieser kann man die gleichen Konstruktionen wie in der ursprünglichen Kategorie vornehmen. Im Kontext von Diagrammen und Limiten werden die sich dadurch ergebenden Konstruktionen durch die Vorsilbe „Ko" bezeichnet. So können wir insbesondere Kolimiten definieren, und wir wollen nun noch ein paar Beispiele dafür besprechen.

Ein Kokegel für das Diagramm $D : \mathbf{I} \to \mathbf{C}$ ist gegeben durch ein Objekt $B \in \mathbf{C}$ und Morphismen $b_i : D_i \to B$ mit

$$b_j \circ D_{i \to j} = b_i \text{ für alle Morphismen } i \to j \text{ in } \mathbf{I}. \qquad (3.35)$$

Ein *Kolimes* $q_i : D_i \to \varinjlim_{Kegel(D)} C_{Kegel(D)}$ ist dann ein initiales Objekt in der Kategorie der Kokegel. Für jeden Kokegel (B, b_i) for D haben wir dann also ein eindeutiges $\lambda : \varinjlim_{Kegel(D)} C_{Kegel(D)} \to B$ mit

$$b_i = \lambda \circ q_i \text{ für alle } i. \qquad\qquad (3.36)$$

Wenn wir wieder die zweielementige Menge $\mathbf{I}$ als Kategorie für Diagramme wie in der Definition von Produkten verwenden, so heißt ein initialer Kegel *Koprodukt* $D_1 + D_2$. Das zugehörige kommutierende Diagramm ist

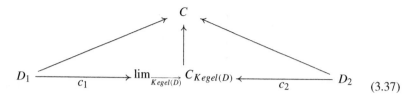

$$(3.37)$$

für Kegel C über dem Diagramm. Ein Koprodukt in der Kategorie $\mathbf{C}$ ist natürlich ein Produkt in der entgegengesetzten Kategorie $\mathbf{C}^{\mathrm{op}}$. Nach dem gleichen Prinzip lassen sich alle anderen solchen Konstruktionen dualisieren.

In **Mengen** ist das Koprodukt die disjunkte Vereinigung $\dot{\cup}$, also nicht die übliche Vereinigung $\cup$.

Entsprechend lässt sich auch die Rückholung zur Vorwärtsschiebung (auf Englisch *pushforward*) dualisieren. Wir betrachten dazu die Indexkategorie $\mathbf{I}^{\star} = \{1, 2, 3\}$

$$
\begin{array}{ccc}
3 & \longrightarrow & 1 \\
\downarrow & & \\
2 & &
\end{array}
$$

$$(3.38)$$

Ein Limes eines entsprechenden Diagramms

$$
\begin{array}{ccc}
D_3 & \xrightarrow{d_\alpha} & D_1 \\
\downarrow{\scriptstyle d_\beta} & & \\
D_2 & &
\end{array}
$$

$$(3.39)$$

ist also die Vorwärtsschiebung d_α, d_β; diese ist universell für das Diagramm

$$
\begin{array}{ccc}
D_3 & \xrightarrow{\quad d_\alpha \quad} & D_1 \\
\downarrow{\scriptstyle d_\beta} & & \downarrow \\
D_2 & \longrightarrow & \varinjlim_{Kokegel(D)} C_{Kokegel(D)}
\end{array}
$$

$$(3.40)$$

In **Mengen** nehmen wir für die Vorwärtsschiebung $P^{\star}$ von $\phi : Z \to X, \gamma : Z \to Y$ die disjunkte Vereinigung $X \dot{\cup} Y$ und identifizieren $\phi(z) \in X$ mit $\gamma(z) \in Y$ für alle

$z \in Z$. Mit den Inklusionsmorphismen i_X, i_Y von X und Y bekommen wir also das Diagramm

$$
\begin{array}{ccc}
Z & \xrightarrow{\phi} & X \\
\downarrow{\scriptstyle \gamma} & & \downarrow{\scriptstyle i_X} \\
Y & \xrightarrow{i_Y} & P^\star
\end{array}
\tag{3.41}
$$

und da wir $\phi(z)$ und $\gamma(z)$ identifizieren, gilt

$$
i_X \circ \phi = i_Y \circ \gamma,
\tag{3.42}
$$

und das Diagramm (3.41) kommutiert.

Mit den Teilmengenbeziehungen $X \cap Y \to X$, $X \cap Y \to Y$, $X \to X \cup Y$, $Y \to X \cup Y$ erhalten wir so insbesondere das Diagramm

$$
\begin{array}{ccc}
X \cap Y & \longrightarrow & X \\
\downarrow & & \downarrow \\
Y & \longrightarrow & X \cup Y
\end{array}
\tag{3.43}
$$

in welchem $X \cap Y$ eine Rückholung und $X \cup Y$ eine Vorwärtsschiebung ist.

3.3   Adjunktionen

Wir führen nun ein weiteres allgemeines Prinzip der Kategorientheorie ein.

Definition 3.3.1 Eine *Adjunktion* zwischen den Kategorien **C**, **D** besteht aus Funktoren

$$
L : \mathbf{C} \leftrightarrows \mathbf{D} : R
\tag{3.44}
$$

mit der Eigenschaft, dass es für Objekte $C \in \mathbf{C}$, $D \in \mathbf{D}$ einen Isomorphismus

$$
\lambda : \mathrm{Hom}_{\mathbf{D}}(LC, D) \cong \mathrm{Hom}_{\mathbf{C}}(C, RD)
\tag{3.45}
$$

gibt. Dieser muss sowohl für C als auch für D natürlich sein, also mit Morphismen von C und D kompatibel sein.

Wir nennen dann L *Linksadjungierte* von R, und R die *Rechtsadjungierte* von L.

Als erstes Beispiel wollen wir darlegen, dass sich die Existenz- und Allquantoren der Logik als Adjungierte auffassen lassen. Wir betrachten dazu die Kategorie $\mathcal{P}(Y)$ der Teilmengen einer Menge Y. Wenn X eine weitere Menge ist, so können wir die Projektion

$$\pi : X \times Y \to Y \tag{3.46}$$

und die induzierte Rückholung

$$\pi^* : \mathcal{P}(Y) \to \mathcal{P}(X \times Y) \tag{3.47}$$

betrachten. Es sei $A \subset Y$, $B \subset X \times Y$. Dann ist

$$\pi^*(A) = \{(x, y) : x \in X, y \in A\} \subset B, \quad \text{falls für alle } x \in X, A \subset \{y : (x, y) \in B\}. \tag{3.48}$$

Mit

$$\forall_\pi B := \{y \in Y : (x, y) \in B \text{ für alle } x \in X\}. \tag{3.49}$$

wird (3.48) zu

$$\pi^*(A) \subset B, \quad \text{falls } A \subset \forall_\pi B. \tag{3.50}$$

Ähnlich ist mit

$$\exists_\pi B := \{y \in Y : \text{ es gibt ein } x \in X \text{ mit } (x, y) \in B\}, \tag{3.51}$$

$$B \subset \pi^*(A) \text{ genau dann, wenn } \exists_\pi B \subset A. \tag{3.52}$$

In der Kategorie $\mathcal{P}(Z)$ hat nun $\mathrm{Hom}(Z_1, Z_2)$ ein einziges Element, falls $Z_1 \subset Z_2$, und ist andernfalls leer. Daher folgt

Satz 3.3.1 *Der Funktor* $\forall_\pi : \mathcal{P}(X \times Y) \to \mathcal{P}(Y)$ *ist die Rechtsadjungierte von* $\pi^* : \mathcal{P}(Y) \to \mathcal{P}(X \times Y)$, *und* $\exists_\pi : \mathcal{P}(X \times Y) \to \mathcal{P}(Y)$ *ist die Linksadjungierte von* π^*.

Eine entsprechende Konstruktion lässt sich auch für beliebige Abbildungen zwischen Mengen anstelle der Projektionen durchführen.

Weitere wichtige Beispiele von Adjunktionen ergeben sich durch *vergessliche Funktoren*. Das Prinzip lässt sich vielleicht am einfachsten bei Graphen erkennen. Wir haben den vergesslichen Funktor

$$U : \textbf{Graphen} \rightarrow \textbf{Mengen}$$
$$\Gamma = (V, E) \mapsto V, \tag{3.53}$$

der jedem Graphen seine Knotenmenge zuordnet, also die Graphenstruktur vergisst. U hat dann als Linksadjungierte

$$L : \textbf{Mengen} \rightarrow \textbf{Graphen}$$
$$S \mapsto (S, \emptyset), \tag{3.54}$$

die jeder Menge den spärlichsten Graphen mit dieser Knotenmenge, nämlich denjenigen ohne Kanten, zuordnet. Um zu sehen, dass L tatsächlich zu U linksadjungiert ist, müssen wir (3.45) für $R = U$ prüfen. Wenn nun $\Gamma = (V, E)$ ein Graph ist, so ist jede Abbildung $S \rightarrow V$ aber auch ein Graphenmorphismus $(S, \emptyset) \rightarrow (V, E)$, denn weil es in dem Graphen $(S, \emptyset)$ überhaupt keine Kanten gibt, ist auch die Bedingung (1.25) erfüllt. Abbildungen zwischen den Mengen $S \rightarrow V$ entsprechen also Morphismen der Graphen $(S, \emptyset) \rightarrow (V, E)$, und somit gilt (3.45).

U besitzt auch eine Rechtsadjungierte, nämlich

$$R : \textbf{Mengen} \rightarrow \textbf{Graphen}$$
$$S \mapsto (S, S \times S), \tag{3.55}$$

die jeder Menge den von ihr erzeugten reichhaltigsten Graphen zuordnet, in dem je zwei Knoten stets durch eine Kante verbunden sind. Nun erzeugt jede Abbildung $\gamma : V \rightarrow S$ auch einen Graphenmorphismus $(V, E) \rightarrow (S, S \times S)$ für jede Kantenmenge E, denn durch die Zuordnung $(u, v) \in E \mapsto (\gamma(u), \gamma(v) \in S \times S$ wird jede Kante wieder auf eine Kante abgebildet. Daher gilt nun (3.45) mit $L = U$.

Wir sehen hier auch schon ein allgemeines Prinzip. Die Linksadjungierte eines vergesslichen Funktors wählt die spärlichste, die Rechtsadjungierte die reichhaltigste Struktur aus, die auf dem reduzierten Objekt, in diesem Falle der Knotenmenge, möglich ist. Nach diesem Prinzip können wir auch den vergesslichen Funktor

$$U : \textbf{Gruppen} \rightarrow \textbf{Mengen} \tag{3.56}$$

betrachten, der jeder Gruppe G die Menge $U(G)$ ihrer Elemente zuordnet, also die Gruppenstruktur vergisst. Seine Linksadjungierte ist der Funktor

$$F : \textbf{Mengen} \;\to\; \textbf{Gruppen}$$
$$X \;\mapsto\; G_X, \qquad (3.57)$$

wobei G_X nun die *freie* von X erzeugte Gruppe ist. Die Elemente dieser freien G_X sind die Monome $x_1^{n_1} x_2^{n_2} \ldots$ mit $x_i \in X, n_i \in \mathbb{Z}$, wobei höchstens endlich viel $n_i \neq 0$ sein dürfen. Die einzigen Gruppengesetze sind $x^n x^m = x^{n+m}$ für $x \in X, n, m \in \mathbb{Z}$ und $x^0 = 1$, das neutrale Element der Gruppe, für $x \in X$. Die Morphismen

$$F X \to G \text{ in } \textbf{Gruppen} \qquad (3.58)$$

entsprechen dann den Morphismen

$$X \to U(G) \text{ in } \textbf{Mengen}, \qquad (3.59)$$

weil ein Morphismus einer freien Gruppe F zu einer anderen Gruppe G durch die Bilder der Erzeuger von F bestimmt ist, die dabei beliebig festgelegt werden können, weil F frei ist. Zu einer gegebenen Menge von Elementen ist die von ihnen erzeugte freie Gruppe die strukturärmste, und daher liefert dies die Linksadjungierte des vergesslichen Funktors. – Analoge Konstruktionen sind offensichtlich auch in anderen Kategorien möglich, beispielsweise denjenigen der abelschen Gruppen oder der Monoide.

Limiten können ebenfalls als Adjungierte aufgefasst werden. Ein Kegel über einem Diagramm D_I vom Typ I in einer Kategorie $\mathbf{C}$ ist ein Morphismus

$$c : C \to D_I \qquad (3.60)$$

von einem Objekt C aus $\mathbf{C}$ zu dem Diagramm D_I. Insbesondere haben wir dann den Diagonalmorphismus c_Δ mit $c_\Delta(C)_i = C$ für alle Indices i in I. Ein Diagramm ist also ein Morphismus in

$$\text{Hom}(c_\Delta(C), D_I) \qquad (3.61)$$

und wenn ein Diagramm einen Limes $\lim_{\overleftarrow{Kegel(D)}} C_{Kegel(D)}$ hat, dann gibt es für jedes C einen eindeutigen Morphismus $C \to \lim_{\overleftarrow{Kegel(D)}} C_{Kegel(D)}$. Daher ist

$$\text{Hom}(c_\Delta(C), D_I) = \text{Hom}(C, \lim_{\overleftarrow{Kegel(D)}} C_{Kegel(D)}) \qquad (3.62)$$

und der Limes ist somit die Rechtsadjungierte des Diagonalmorphismus. Ebenso sind Kolimiten Linksadjungierte von Diagonalen.

   Zum Abschluss wollen wir eine Beziehung zum Yonedasatz 2.2.1 herstellen und noch einmal einen allgemeinen kategorientheoretischen Beweis vorführen.

Lemma 3.3.1 *Rechtsadjungierte erhalten Limiten, und entsprechend erhalten Linksadjungierte Kolimiten.*

Beweis Wir betrachten ein Diagramm $\Delta : \mathbf{I} \to \mathbf{D}$ und darüber einen Kegel K mit Morphismen $K \to D_i$. Für $D \in \mathbf{D}$ erhalten wir dann ein induziertes Diagramm $\Delta_D : \mathbf{I} \to \mathrm{Hom}_{\mathbf{D}}(D, .)$ und einen Kegel $\mathrm{Hom}(D, K)$ mit Morphismen $\mathrm{Hom}(D, K) \to \mathrm{Hom}(D, D_i)$. Dann ist

$$\varprojlim_{\overline{Kegel(D)}} \mathrm{Hom}(D, C_{Kegel(D)}) = \mathrm{Hom}(D, \varprojlim_{\overline{Kegel(D)}} C_{Kegel(D)}), \qquad (3.63)$$

sofern $\varprojlim_{\overline{Kegel(D)}} C_{Kegel(D)}$ in $\mathbf{D}$ existiert. In dieser Situation ist dann

$$\mathrm{Hom}_{\mathbf{C}}(C, R(\varprojlim_{\overline{Kegel(D)}} C_{Kegel(D)})) \cong \mathrm{Hom}_{\mathbf{D}}(LC, \varprojlim_{\overline{Kegel(D)}} C_{Kegel(D)})$$

$$\cong \varprojlim_{\overline{Kegel(D)}} \mathrm{Hom}_{\mathbf{D}}(LC, C_{Kegel(D)})$$

$$\cong \varprojlim_{\overline{Kegel(D)}} \mathrm{Hom}_{\mathbf{C}}(C, RC_{Kegel(D)})$$

$$\cong \mathrm{Hom}_{\mathbf{C}}(C, \varprojlim_{\overline{Kegel(D)}} RC_{Kegel(D)}).$$

Der Satz 2.2.1 von Yoneda liefert dann den gewünschten Isomorphismus

$$R(\varprojlim_{\overline{Kegel(D)}} C_{Kegel(D)}) \cong \varprojlim_{\overline{Kegel(D)}} RC_{Kegel(D)}. \qquad (3.64)$$

$\square$

Zusammenfassung und Ausblick

4

Jede mathematische Struktur definiert eine Kategorie, deren Objekte diese Struktur tragen und deren Morphismen diese Struktur erhalten. Dies ist das grundlegende Prinzip, und es hat zwei wesentliche Implikationen, aus denen sich die Kategorientheorie entwickelt.

Erstens sind Objekte als Träger einer Struktur nur bis auf Isomorphie bestimmt. Zwei Objekte A, B einer Kategorie, zwischen denen es einen invertierbaren Morphismus gibt (oder genauer, wo es Morphismen $i_{AB} : A \to B$ und $i_{BA} : B \to A$ mit $i_{BA} \circ i_{AB} = 1_A$, $i_{AB} \circ i_{BA} = 1_B$ gibt), werden miteinander identifiziert. Diese Identifikation braucht allerdings nicht kanonisch zu sein, sondern sie ist nur bis auf Automorphismen dieser Objekte bestimmt. Neben dem definitionsgemäß immer vorhandenen Automorphismus $1_A : A \to A$ kann es nämlich noch weitere Automorphismen $i : A \to A$ geben. Beispielsweise können die Elemente einer Menge permutiert werden. Oder in einer abelschen Gruppe haben wir den Automorphismus $g \mapsto -g$.

Morphismen sind strukturelle Beziehungen, und diese charakterisieren die Objekte. Der fundamentale Satz 2.2.1 von Yoneda besagt nämlich, dass zwei Objekte, die die gleichen (genauer, isomorphe) Mengen von Morphismen von oder zu allen Objekten der Kategorie haben, selber schon isomorph sind. Die Objekte einer Kategorie sind also nicht inhaltlich, sondern rein strukturell durch ihre Beziehungen zu anderen Objekten bestimmt.

Zweitens lassen sich die Konstruktionen, da rein struktureller Natur, iterieren. Dies beginnt damit, dass sich die Morphismen einer Kategorie $\mathbf{C}_0$ wiederum als Objekte einer neuen Kategorie $\mathbf{C}_1$ auffassen lassen. Die Morphismen in $\mathbf{C}_1$, also die Morphismen zwischen Morphismen aus $\mathbf{C}_0$, sind dann kommutative Diagramme. Und dann lassen sich natürlich Diagramme wieder als Objekte einer neuen Kategorie auffassen.

© Springer Fachmedien Wiesbaden GmbH, ein Teil von Springer Nature 2019
J. Jost, *Kategorientheorie, essentials,*
https://doi.org/10.1007/978-3-658-28313-1_4

Zu einer Kategorie C können wir auch die entgegengesetzte Kategorie C^{op} bilden, die aus C gewonnen wird, indem man die Objekte beibehält, aber die Richtungen aller Pfeile umdreht. Dies bedeutet einfach, dass ein Pfeil $C \to D$ in C^{op} einem Pfeil $D \to C$ in C entspricht.

Man kann aber auch Kategorien von Kategorien bilden. Die Objekte einer solchen Kategorie $\mathcal{C}$ höherer Stufe sind dann selbst Kategorien $C, D, \ldots$, und die Morphismen von $\mathcal{C}$ heißen dann Funktoren. Ein Funktor $F : C \to D$ bildet also Objekte aus C auf Objekte in D ab, und Morphismen in C werden in Morphismen in D überführt. Und für zwei Kategorien C, D können wir auch die Kategorie $\mathbf{Fun}(C, D)$, auch geschrieben als D^C, der Funktoren zwischen ihnen betrachten. Die Morphismen dieser Kategorie überführen also Funktoren in Funktoren; sie heißen natürliche Transformationen.[1]

Die Elemente P der Kategorie $\mathbf{Mengen}^{C^{op}}$ heißen Prägarben auf C. Jedem Objekt U aus C wird also eine Menge PU zugeordnet, und ein Morphismus $f : V \to U$ in C liefert also einen Morphismus $PF : PU \to PV$ von Mengen, der in umgekehrter Richtung läuft, weil wir zu C^{op} übergegangen sind. Insbesondere erhalten wir eine Prägarbe dadurch, dass wir jedem Objekt U die Menge $\mathrm{Hom}_C(-, U)$ der Morphismen in U zuordnen. Nach dem Satz von Yoneda bestimmt diese Morphismenmenge U.

Prägarben sind in der Geometrie von großer Bedeutung. Wenn C selbst die Kategorie $\mathbf{Mengen}$ ist, so können wir jeder Menge U die Menge der Funktionen $f : U \to \mathbb{R}$ zuordnen. Dies liefert eine Prägarbe P, und wenn $V \subset U$, so erhalten wir den zugehörigen Morphismus $PU \to PV$, indem wir die auf U definierten Funktionen auf die Untermenge V einschränken. Und statt aller Mengen können wir Mengen mit einer bestimmten Struktur betrachten, also z. B. die Kategorie der topologischen Räume, der differenzierbaren Mannigfaltigkeiten oder der algebraischen Varietäten, und dann die Mengen der zugehörigen Funktionen betrachten, also diejenigen der stetigen oder differenzierbaren Funktionen oder der holomorphen Funktionen nach $\mathbb{C}$. Wiederum erhalten wir entsprechende Prägarben mit den Einschränkungsabbildungen als durch den zugehörigen Funktor induzierten Morphismen. Nun können wir Funktionen von U auf eine Teilmenge V einschränken, aber dann stellt sich die umgekehrte Frage, ob wir auf V definierte Funktionen auch auf eine Obermenge U erweitern können. Für beliebige Funktionen geht das natürlich immer, aber schon für stetige oder differenzierbare Funktionen müssen wir Zusatzbedingungen stellen, beispielsweise, dass sie auf V beschränkt sind. Und für holomorphe Funktionen in der komplexen Analysis wird es noch komplizierter.

---

[1]Zwar ist die Kategorientheorie eine sehr systematische Wissenschaft, aber ihre Terminologie ist leider nicht gleichermaßen systematisch.

Aber der Formalismus der Garben erlaubt gerade eine systematische Behandlung solcher Fragen, und er ist deswegen zu einem grundlegenden Werkzeug der komplexen Analysis und der algebraischen Geometrie geworden. In der algebraischen Geometrie betrachtet man die Struktur von Ringen auf Teilmengen definierter holomorpher Funktionen oder algebraischer Polynome, die dort nicht verschwinden, also Kehrwerte besitzen. Dies führt auf den Begriff des Schemas, welcher in [7] entwickelt wird.

Die Kategorientheorie hat ihren Ursprung in der Arbeit [2] von Eilenberg und MacLane, in welcher die Prinzipien der Homologietheorie, also der Übersetzung geometrischer Beziehungen in algebraische Operationen, abstrakt formuliert wurden. Die weitere Entwicklung der algebraischen Topologie hat dann sehr von der systematischen Verwendung kategorientheoretischer Prinzipien und Methoden profitiert.

Wir wollen nun kurz die Beziehung zwischen Kategorientheorie und Logik andeuten. Die Operatoren der klassischen Aussagenlogik, $\wedge$ (und), $\vee$ (oder), $\neg$ (nicht), erfüllen die gleichen Regeln wie die Operatoren $\cap$ (Durchschnitt), $\cup$ (Vereinigung), $X \setminus$ (Komplement) in der Potenzmenge $\mathcal{P}(X)$ einer Menge X. Insbesondere gilt dort für jede Teilmenge $A \subset X$

$$A \cap X \setminus A = \emptyset \tag{4.1}$$

$$A \cup X \setminus A = X. \tag{4.2}$$

Mit diesen Operationen bildet $\mathcal{P}(X)$ eine Boolesche Algebra. Die logische Entsprechung von (4.1) ist das Gesetz des Widerspruchs, dass eine Aussage a und ihr Gegenteil $\neg a$ nicht beide gleichzeitig wahr sein können, und diejenige von (4.2) ist das Gesetz vom ausgeschlossenen Dritten, dass von den beiden Aussagen a und $\neg a$ immer eine wahr sein muss. Wir können dies auch durch Komplemente oder Verneinungen ausdrücken, also

$$X \setminus (X \setminus A) = A \tag{4.3}$$

$$\text{bzw.} \quad \neg(\neg a) = a. \tag{4.4}$$

Weil nun sowohl die logischen Operationen als auch die Operationen in $\mathcal{P}(X)$ eine Boolesche Algebra bilden, können wir ein logisches System, das seine Aussagen aus vorgegebenen Elementen mittels der logischen Operationen bildet, in einer Menge X interpretieren, indem wir jeder Aussage a eine Teilmenge $A \subset X$ zuordnen, wenn diese Zuordnung ein Boolescher Morphismus, also ein Morphismus Boolescher Algebren ist.

Wenn S eine einelementige Menge ist, so enthält $\mathcal{P}(S)$ zwei Elemente, S und $\emptyset$. Wenn wir $1 := S$, $0 := \emptyset$ als formale Symbole (ohne arithmetische Bedeutung) setzen, so ist $\mathcal{P}(S) = 2 = \{0, 1\}$ wie in der Einleitung (vgl. (1.5)), und wir fassen diese beiden Elemente als Wahrheitswerte auf, $0 = $ falsch, $1 = $ wahr. Eine Interpretation eines logischen Systems in $2 = \{0, 1\}$ heißt Semantik. Von einer Interpretation in $\mathcal{P}(X)$ gelangen wir also durch einen Booleschen Morphismus $\mathcal{P}(X) \to 2$ zu einer Semantik. Die Tautologien der klassischen Logik sind dann gerade die Aussagen, die in jeder Booleschen Semantik wahr sind.

Die intuitionistische Logik bestreitet das Gesetz vom ausgeschlossenen Dritten (4.4). Wir können dann nicht mehr mit dem mengentheoretischen Komplement wie in (4.3) arbeiten. Eine mengentheoretische Analogie wäre nun das System $\mathcal{O}(X)$ der offenen Mengen eines topologischen Raumes X. Dort gibt es weiterhin die Operationen $\cup$, $\cap$ der Vereinigung und des Durchschnittes, aber statt eines Komplementes haben wir nun nur noch ein Pseudokomplement

$$(X \backslash A)^\circ, \quad \text{die größte offene Teilmenge von } X \backslash A. \tag{4.5}$$

Da $X \backslash A$ außer in trivialen Situationen nicht offen ist, ist diese Menge typischerweise eine echte Teilmenge von $X \backslash A$, und daher ist i. A.

$$A \cup (X \backslash A)^\circ \subsetneq X. \tag{4.6}$$

Mit der Operation des Pseudokomplementes erfüllt $\mathcal{O}(X)$ dann nicht mehr die Regeln einer Booleschen Algebra, sondern nur noch diejenigen einer Heytingalgebra. Und wenn man aus den Axiomen der klassischen Logik das Gesetz des ausgeschlossenen Dritten streicht, bleibt ebenfalls nur noch eine Heytingalgebra übrig. Heytingalgebren haben immer ein Element 1, welches in $\mathcal{O}(X)$ die Menge X ist. Eine logische Aussage ist dann intuitionistisch gültig, wenn sie unter jedem Morphismus von Heytingalgebren auf das Element 1 abgebildet wird.

Nach diesen Vorbereitungen kommen wir nun zur Semantik möglicher Welten und wie diese mit Konzepten der Kategorientheorie betrachtet werden kann. Die Semantik möglicher Welten wurde von Kripke in die Logik eingeführt; die grundlegende Idee stammt von Leibniz, s. [5]. Die möglichen Welten bilden eine teilgeordnete Menge $(W, \leq)$ mit den Axiomen (1.23, 1.24). Durch

$$Pp := \{q \in W : p \leq q\} \tag{4.7}$$

wird dann eine Garbe auf W definiert. Dies ist aber erst der Anfang. Man betrachtet dann Variablen, deren Wertebereiche, ihre Typen, durch die Elemente von W

indiziert sind und eine Garbe auf W bilden. Für Formeln bestehen die Typen aus Wahrheitswerten, und wenn eine Formel in der Welt p wahr ist, so muss sie auch in allen von p aus erreichbaren Welten wahr bleiben. Wenn wir eine Variable x vom Typ X in eine Formel einsetzen, so erhalten wir einen Garbenmorphismus $X \to \Omega$, wobei Ω, die Garbe der Wahrheitswerte, einen Topos bildet. Für genauere Ausführungen müssen wir allerdings auf [4] und die grundlegende Darstellung [9] verweisen.

Die Kategorientheorie hat auch Eingang in die theoretische Informatik gefunden. Ein Programm wird dann beispielsweise als ein Funktor von einem gerichteten Graphen (der formalen Programmabfolge) in die Kategorie, deren Objekte Mengen und deren Morphismen Relationen sind, angesehen. Letzteres beschreibt die Semantik des Programms. Eine gute Zusammenfassung der Kategorientheorie aus Sicht eines Informatikers ist [3].

Was Sie aus diesem *essential* mitnehmen können

Sie haben gelernt, konsequent und systematisch strukturell zu denken. Dadurch können Sie den Reichtum konkreter mathematischer Strukturen wie auch die Beziehungen zwischen diesen unter einem einheitlichen Gesichtspunkt erfassen und auch die gleichen Prinzipien auf verschiedenen Abstraktionsstufen wiederfinden.

© Springer Fachmedien Wiesbaden GmbH, ein Teil von Springer Nature 2019   49
J. Jost, *Kategorientheorie,* essentials,
https://doi.org/10.1007/978-3-658-28313-1

© Springer Fachmedien Wiesbaden GmbH, ein Teil von Springer Nature 2019
J. Jost, *Kategorientheorie,* essentials,
https://doi.org/10.1007/978-3-658-28313-1

Zur Literatur

Das Material dieses Textes ist größtenteils aus [4] extrahiert und adaptiert. Dort finden sich auch weitere Literaturangaben. Dieser Text eignet sich daher in natürlicher Weise zur weiterführenden Lektüre. Unter den zahlreichen weiteren Referenzen zur Kategorientheorie erwähnen wir nur [1, 8]. Für die algebraischen Grundlagen stellt [6] eine nützliche Vorlektüre dar.

© Springer Fachmedien Wiesbaden GmbH, ein Teil von Springer Nature 2019   51
J. Jost, *Kategorientheorie,* essentials,
https://doi.org/10.1007/978-3-658-28313-1

Literatur

1. Awodey S (2006) Category theory. Oxford University Press
2. Eilenberg S, Mac Lane S (1945) General theory of natural equivalences, Trans. AMS 58:231–294
3. Goguen J (1991) A categorical manifesto, Math. Struct. Comp. Sci. I:49–67
4. Jost J (2015) Mathematical concepts. Springer
5. Jost J (2019a) Leibniz und die moderne Naturwissenschaft. Springer
6. Jost J (2019b) Algebraische Strukturen. Springer Essentials
7. Jost J (2019c) Schemata. Springer Essentials
8. MacLane S (1998) Categories for the working mathematician 2. Aufl. Springer
9. MacLane S, Moerdijk I (1992) Sheaves in geometry and logic. Springer

© Springer Fachmedien Wiesbaden GmbH, ein Teil von Springer Nature 2019
J. Jost, *Kategorientheorie,* essentials,
https://doi.org/10.1007/978-3-658-28313-1

Springer

springer.com

Jürgen Jost

Mathematical Concepts

Springer

Order now in the Springer shop!
springer.com/978-3-319-20435-2

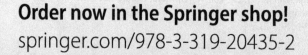

9783658283124